5G与AI技术大系

算力网络详解 ^{卷3}
算网大数据

罗峰 张东飞 高智芳 编著

清华大学出版社
北京

内 容 简 介

未来十年将是算力网络（简称算网）蓬勃发展的十年，未来算网大数据的发展重点将聚焦在边缘计算、分布式协同计算、数据编织、隐私计算等核心技术领域。本书通过对这些核心领域的介绍，帮助读者快速了解和掌握算网大数据技术及应用场景。

本书共四篇 14 章：第一篇（第 1~3 章）介绍算力、算力网络的基本概念和算力网络驱动的大数据发展趋势；第二篇（第 4~7 章）介绍面向算力网络的大数据关键技术，包括边缘计算、分布式协同计算、数据编织、隐私计算等内容；第三篇（第 8~10 章）介绍大数据技术在算力网络中的具体应用；第四篇（第 11~14 章）介绍与算力网络结合的大数据应用场景及未来展望。

本书适合政府、大型企业 IT 从业人员，以及其他对算力网络、大数据技术感兴趣的读者阅读，本书亦可作为相关技术培训类的参考用书。

图书在版编目(CIP)数据

算力网络详解 . 卷 3，算网大数据 / 罗峰，张东飞，高智芳编著 . —北京：清华大学出版社，2023.1
（5G 与 AI 技术大系）
ISBN 978-7-302-62372-4

Ⅰ . ①算… Ⅱ . ①罗… ②张… ③高… Ⅲ . ①计算机网络—数据处理 Ⅳ . ① TP393

中国版本图书馆 CIP 数据核字 (2022) 第 256840 号

责任编辑：王中英
封面设计：陈克万
版式设计：方加青
责任校对：胡伟民
责任印制：宋 林

出版发行：清华大学出版社
　　网　　　址：http://www.tup.com.cn, http://www.wqbook.com
　　地　　　址：北京清华大学学研大厦 A 座　　　　　邮　　编：100084
　　社 总 机：010-83470000　　　　　　　　　　　邮　　购：010-62786544
　　投稿与读者服务：010-62776969, c-service@tup.tsinghua.edu.cn
　　质 量 反 馈：010-62772015, zhiliang@tup.tsinghua.edu.cn
印 装 者：北京同文印刷有限责任公司
经　　销：全国新华书店
开　　本：170mm×240mm　　　印　　张：17　　　字　　数：335 千字
版　　次：2023 年 1 月第 1 版　　　印　　次：2023 年 1 月第 1 次印刷
定　　价：89.00 元

产品编号：098227-01

作者介绍

罗峰，现任亚信科技研发中心数据产品规划总监。负责大数据产品创新与规划工作，在大数据领域拥有丰富的研发管理经验与行业实践经验，曾在华为、中科曙光负责产品研发和数字化转型工作。

张东飞，现任亚信科技研发中心规划与研发工程师。长期从事大数据领域的规划与设计工作，在数据治理、数据安全、算力网络、隐私计算等领域有丰富的实践经验。

高智芳，现任亚信科技研发中心架构师。负责基于云原生大数据平台的规划和设计，专注于云计算及大数据方向，曾在 IBM 工作多年，在云计算、大数据等领域有丰富的落地经验。

"算力网络详解"三部曲书序

当下，数字经济席卷全球，以科技为武器的产业革命深刻地影响着社会的发展进程，人类社会正迎来百年未有之大变局。在疫情这一"黑天鹅"的助推下，全球加速进入以数字化、网络化、智能化为特征的数智信息时代，这一变革重塑着全球的经济结构和竞争格局。

伴随着经济范式的革新，信息基础设施被视为推动经济高质量发展的重要引擎。国家间信息经济的竞争逐渐转变为算力水平的竞争，算力发展成为实现中国科技强国的内在发展需求。因此，要把握算力发展的重大战略机遇，抢占发展主动权。为此，国家在 2018 年明确提出"新型基础设施建设"之后，相继出台了"东数西算工程"等一系列助力算力基础设施建设的政策和文件，为加快形成高质、经济、可持续的算力提供政策性保障，以迎接数智信息时代的到来。

同时，产、学、研各界一同掀起了算力探讨和研究的热潮。受限于硅基芯片的 3 纳米单核制程，并且多核设备的芯片架构设计难度大，单一形态和单一算力提供主体的发展陷入了瓶颈期。通过计算联网实现大型计算业务自然成为业界当下的选择之一，只有如此，才能加速驱动算力设施和网络设施走向融合，算力网络这一概念便被提出来了。

算力网络诞生于中国，是国内数字经济领先发展的成果，是具有国际领先水平的重大原创性技术。2022 年是算力网络的建设元年，国内电信运营商均把算力网络建设提升到公司战略高度。中国电信构建以云网操作系统为核心的云网体系，围绕资源和数据、运营管理、业务服务、能力开放四个维度分阶段向算力网络迈进。中国移动于 2021 年 11 月发布了《中国移动算力网络白皮书》，明确了总体策略和发展实施方案。为加快整合统筹现有资源和能力，推进算力网络建设发展，确定了算力网络发展的三个阶段：泛在协同、融合统一、一体内生。中国联通则以 CUBE-Net 3.0 为发展愿景，提出构建"算网为基、数智为核、低碳集约、安全可控"的算力网络一体底座，实现 6 融合的"智能融合"服务。

　　亚信科技基于国际标准与国内电信运营商对算力网络的定义与规划，结合东数西算、AR/VR/XR 等多类典型算力网络场景，自主设计研发了算力网络产品体系，汇集了亚信科技在算力网络领域的创新研究成果，赋能通信运营商构建算力网络，助推东数西算工程落地。"算力网络详解"三部曲以亚信科技算力网络产品为基础，并结合相关场景和实践案例，全面介绍算力网络中智能编排调度、能力开放运营和大数据应用等关键功能和技术，从下往上贯穿整个算力网络系统架构，是国内首套详细回答算力网络两个核心问题——"算力网络怎么建"和"算力网络怎么用"的书。非常荣幸能将此阶段性成果和经验以图书的形式与行业伙伴们进行分享，共同促进算力网络的繁荣发展。

　　我国信息科技领域经历了从全面落后到奋力追赶的阶段，目前正处在争创领先的大背景下，未来必然会面临巨大的困难和挑战。亚信科技诞生之时就以"科技报国"为己任，在过去近 30 年的发展中始终不忘初心，砥砺前行，站立在技术的发展潮头。未来，我们将继续坚持以技术创新为引领，与业界合作伙伴们共同努力，为提升我国信息科技和应用水平、实现"数字中国"贡献力量。

2022 年 9 月于北京

前　言

近年来，数字化成为时代的热点，覆盖到经济和社会生活的方方面面，并逐渐成为国家战略的一部分。2020 年 4 月，中共中央、国务院发布《关于构建更加完善的要素市场化配置体制机制的意见》（简称《意见》），数据作为第五大生产要素被首次提出；2022 年 2 月，国家正式启动了"东数西算"工程，推动新基建向纵深发展，进一步构建和夯实数据作为核心生产要素、算力作为核心生产力的数字经济发展新格局。

中国作为一个信息化建设大国，信息网络规模庞大，数据资源要素众多，数字经济发展迅猛。同时，中国又是一个发展中国家，信息化建设还不够充分、不够均衡、不够深入。一方面，国内数字经济市场巨大，但同时在地域上的分布又很分散，跨地域数据要素流转与协同需求强烈；另一方面，算力资源与数据资源在东西部的分布严重失衡，东部沿海地区数字经济活跃，数据资源体量庞大，但又受限于自身资源天赋，难以进行大规模算力建设，而西部地区水电、风电等能源禀赋优势明显，数字化建设却又相对滞后，国内数字化建设的这种需求性、差异性和互补性，正是算力网络（简称"算网"）建设的现实需求和内生动力。近几年，随着 5G 网络的加速建设和 6G 网络的深入研究，低时延、高带宽的通信网络给大规模跨域算力网络建设奠定了重要基础，大数据、云计算和人工智能技术的快速发展和成熟，又为算力网络的发展提供了丰富而深厚技术储备，算力网络建设的各类技术难点在技术发展的浪潮中被一一攻克，相关技术瓶颈逐步消失。在市场需求和技术发展的双重推动下，算网时代已然来临。

算力网络是 ICT 行业发展的新趋势，是面向未来算力和网络融合的新技术领域。亚信科技精心打造了"算力网络详解"三部曲，包括：

- 《算力网络详解 卷1：算网大脑》，详细介绍在算力网络中面对应用需求如何实现算力资源和网络资源的联合优化。
- 《算力网络详解 卷2：算网PaaS》，详细介绍算力网络能力如何通过PaaS平台进行纳管、开放、运维和运营，最终实现算力网络技术和商业价值的落地。
- 《算力网络详解 卷3：算网大数据》（即本书），主要讲解面向算力网络的大数据关键技术，以及这些技术是怎么赋能算力网络的。

本书由亚信科技产品研发中心编写，编写组成员还包括王友仙、曹晓华、苏飞，同时感谢欧阳晔博士、朱军博士，以及齐宇、张峰为本书出版所做的工作。由于编者水平和精力有限，不足之处在所难免，若读者不吝告知，我们将不胜感谢。

编者

2022 年 11 月

目　录

第一篇　算力网络与大数据

第二篇　面向算力网络的大数据关键技术

第三篇　大数据技术赋能算力网络

第四篇 算力网络时代大数据应用场景和发展展望

第一篇

算力网络与大数据

第 1 章 算力概述

从原始社会的手动式计算到古代的机械式计算、近现代的电子计算，再到现在的数字计算，算力指代了人类对数据的处理能力，也集中代表了人类智慧的发展水平。

1998 年图灵奖得主——著名的计算机科学家吉姆·格雷（Jim Gray）将科学研究的范式分为四类——除了之前的物理实验、模型推演和计算仿真三大范式，新的信息技术已经促使新的第四范式出现，即数据密集型科学发现（Data-Intensive Scientific Discovery）。第四范式的基本思想是把数据看成现实世界的事物、现象和行为在数字空间的映射，认为数据自然蕴含了现实世界的运行规律；进而以数据作为媒介，利用数据驱动及数据分析方法揭示物理世界现象所蕴含的科学规律。推动其发展的三大要素是数据、算法和算力，将数据作为原料，基于算力基础研究能够从其中挖掘智慧的算法。

在此趋势下，数据能力和算力需求呈现循环增强的状态，数据量的不断增加要求算力的配套进化。据 IDC 预测，到 2025 年，全球数据总量预计达到180ZB。1ZB 相当于 1.1 万亿吉字节（GB），如果把 180ZB 全部存在 DVD 光盘中，这些光盘叠起来大概可以绕地球 222 圈。而与此同时，集成电路的发展仍然遵循着"摩尔定律"——1965 年，英特尔创始人之一戈登·摩尔提出，集成电路上可容纳的元器件数目，每隔 18～24 个月便会增加一倍，性能也会提升一倍。而集成电路会直接影响到中央处理器（CPU）的性能，进而影响到计算机的计算能力。换言之，算力始终处于一个稳步上升的状态，而且成本会越来越低。

同时，算力的发展强力推动数字经济持续向前。在 2016—2020 年，全球算力规模平均每年增长 30%，数字经济规模和 GDP 每年分别增长 5% 和 2.4%。2020 年，我国产业数字化规模达 31.7 万亿元，占 GDP 比重为 31.2%，同比增长 10.3%。未来，算力与数字经济共促共进的关系将进一步强化，算力不断发展推动数字经济持续向前，数字经济持续向前加重对算力的支撑依赖，"算力时代"正在到来。

1.1　算力是什么

1.1.1　计算工具的发展历史

人类从茹毛饮血的原始社会到万物互联的数字智能社会，伴随人类智慧进步的需求，计算工具经历了从简单到复杂、从低级到高级、从手动到自动、从自动到电子的发展过程。

1．手动式计算

人类学会用工具辅助自己计算和记录，从最早的结绳记事到算筹、算盘的使用。早在公元前3000年，古埃及人用结绳来记录土地面积和谷物收获的情况。这种传统的结绳记事方式至今仍被一些没有文字的遗存文明所使用。而早期的计算器为纯手动方式，如算筹、算盘等。算筹通过短棍摆放的位置表示数字。算盘是中国祖先创造发明的一种简便的计算工具，通常由可滑动的珠子制成，如图 1-1 所示。

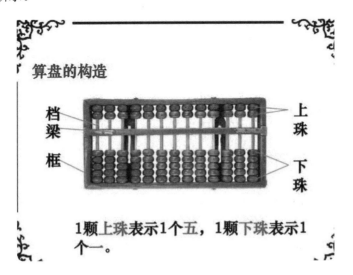

图 1-1　算盘的构造

2．机械式计算

17 世纪，欧洲出现了利用齿轮技术的计算工具。

● 1642年，法国数学家帕斯卡利用齿轮技术，发明人类第一台机械式计算工具"帕斯卡加法器"。

● 1673年，德国数据家莱布尼兹发明"四则运算器"。

● 1804年，法国机械师约瑟夫·雅各发明可编程织布机，创造"穿孔卡片"这一输入方式。

● 1832年，英国数学家巴贝奇发明差分机，采用有存储、运算、控制三种具有现代意义的装置，人类从手动机械时代进入自动机械时代。

3．机电式计算

19 世纪，采用机电技术代替机械装置。

● 1886年，美国统计学家赫尔曼·霍勒瑞斯借鉴穿孔卡片原理发明制表机，可自动进行四则运算、累计存档、制作报表。

● 1938年起，德国工程师朱斯采用继电器，研制出人类二进制计算机Z-1、Z-2、Z-3、Z-4。

● 1944年，美国哈佛大学应用数学教授霍华德·艾肯使用大量继电器，发明机电式计算机Mark I。

4．电子计算机

20 世纪 30 年代已经具备了制造电子计算机的技术能力。

1939 年，美国爱荷华州立大学数学物理学教授约翰·阿塔纳索夫（John Atanasoff）及其研究生克利福德·贝瑞（Clifford Berry）用电子技术来提高计算机的运算速度，研制出 ABC（Atanasoff-Berry Computer），为模拟计算向数字计算的跨越奠基。

二战期间，"计算机之父"阿兰·图灵发明"图灵机"模型，为数字计算机的诞生奠定理论基石。

1946 年，冯·诺依曼基于图灵机，发明第一台通用计算机、第一代电子管计算机ENIAC，如图1-2所示，确立了数字计算机整体架构，人类电子计算机进入数字时代。

继 ENIAC 之后，人类先后经历第二代晶体管计算机、第三代集成电路计算机、第四代大规模集成电路计算机三个阶段。

图 1-2　世界上第一台通用计算机 ENIAC

可以说，正因为人类对算力的不懈追求，我们才从原始的结绳记数、算盘，走进个人电脑、手机、人工智能，进入快捷、便利、多姿多彩的数字生活。放眼未来，对算力极限的不断挑战，还将推动着我们进一步靠近重塑未来生活的历史性机遇。

1.1.2　算力的内涵和外延

从狭义上看，算力是设备通过处理数据，实现特定结果输出的计算能力。2018 年，诺贝尔经济学奖获得者威廉·诺德豪斯（William D. Nordhaus）在《计算过程》一文中提出，"算力是设备根据内部状态的改变，每秒可处理的信息数据量"。算力实现的核心是 CPU、GPU、FPGA、ASIC 等各类计算芯片，并由计算机、服务器、高性能计算集群和各类智能终端等承载，海量数据处理和各种数字化应用都离不开算力的加工和计算。

简单来说，就是电子计算机处理器计算和处理任务的计算能力，是衡量一台电子计算机、数据中心或云计算中心在一定的网络消耗下处理的数据容量与所花时间之比的单位总计算能力。

从科学的角度来说，算力是指计算机系统的理论峰值速度，其计算公式如下：

理论峰值速度 ＝ MHz × 每个时钟周期执行浮点运算的次数（Flops）× CPU 数目

其中 MHz 是指 CPU 的主频，每个时钟周期执行浮点运算的次数是由处理器中浮点运算单元的个数，以及每个浮点运算单元在每个时钟周期能处理几条浮点运算来决定的。算力数值越大代表综合计算能力越强。

从广义上看，算力也可以包括具备存储能力的各类独立存储或分布式存储，以及通过操作系统逻辑化的各种数据处理能力。从更宏观的层面上看，算力是数字经济时代的新生产力，是推动数字经济进一步发展的坚实基础。数字经济时代的关键资源是数据、算力和算法，其中数据是新生产资料，算力是新生产力，算法是新生产关系，这三者构成数字经济时代最基本的生产基石。现阶段，5G、云计算、大数据、物联网、人工智能等技术的高速发展，推动数据的爆炸式增长和算法的复杂程度不断提高，带来了对算力规模、算力能力等需求的快速提升，算力的进步又反向支撑了应用的创新，从而实现了技术的升级换代、应用的创新发展、产业规模的不断壮大和经济社会的持续进步。随着 5G 商用步伐的加快，物与物之间的连接不断深化，算力在自动驾驶、智慧安防、智慧城市等领域的应用不断扩大，边缘计算以及雾计算的需求日益增加，算力的范畴和边界仍在不断扩展。

1.2　无处不在的现代算力

在万物互联的时代背景下，算力以各种各样的设备形态出现在人们的日常生活和工作中，作为承载算力的底层核心芯片，其处理能力也达到了空前的高度。基于不同行业的不同特点，CPU 通用算力逐渐从单一的 x86 架构向 ARM、RISC-V 等多种架构扩展，芯片性能也在不断向更强、更高效的方向演进；GPU、FPGA 等异构计算突破了通用算力的性能瓶颈，技术发展聚焦云游戏、AI 等场景，为人们提供更为极致的算力服务。算力的发展已经呈现出多架构共存、多技术协同、多领域协同的局面。

1.2.1　算力的分类

算力有不同的分类方法。按照使用主体，可以分为个人算力和企业算力；按照算力类型，可以分为基础算力、智能算力和超算算力，如图 1-3 所示，分别提供基础通用计算、人工智能计算和科学工程计算。其中，基础通用算力主要基于 CPU 芯片的服务器所提供的计算能力，智能算力主要基于 GPU、FPGA、ASIC 等芯片的加速计算平台提供人工智能训练和推理的计算能力，超算算力主要基于超级计算机等高性能计算集群所提供的计算能力。

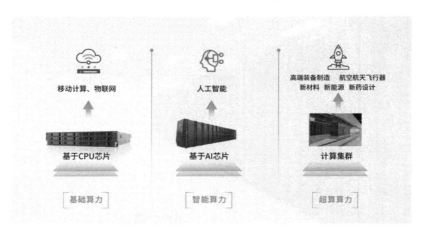

图 1-3　算力分类

1．基础算力

由基于 CPU 芯片的服务器所提供的算力，主要用于基础通用计算。日常提到的云计算、边缘计算等都属于基础算力，它为移动计算、物联网等提供计算支持。基础算力占整体算力的比重由 2016 年的 95% 下降至 2020 年的 57%，但其依旧是算力主力。

2．智能算力

由基于 GPU、FPGA、ASIC 等 AI 芯片的加速计算平台提供的算力，主要用于人工智能的训练和推理计算，比如语音、图像和视频的处理。在技术架构上，人工智能的核心计算能力由训练、推理等专用计算芯片提供，注重单精度、半精度等多样化计算能力。在应用方面，人工智能计算中心主要支持人工智能与传统行业的融合创新与应用，提升传统行业的生产效率，在自动驾驶、辅助诊断、智能制造等方面大显身手。近年来，智能算力规模增长迅速，在整体算力中的占比已由 2016 年的 3% 提升至 2020 年的 41%，预计到 2023 年，智能算力的占比将提升至 70%。

3. 超算算力

由超级计算机等高性能计算集群所提供的算力，主要用于尖端科学领域的计算，比如行星模拟、药物分子设计、基因分析等。在技术架构上，超算算力的核心计算能力由高性能 CPU 或协处理器提供，注重双精度通用计算能力，追求精确的数值计算。在应用方面，超算中心主要应用于重大工程或科学计算领域的通用和大规模科学计算，如新材料、新能源、新药设计，高端装备制造，航空航天飞行器设计等领域的研究。超算算力在整体算力中的占比较为稳定，约为 2%。

1.2.2　典型算力平台

算力泛在化促使智能终端呈现多元化发展态势。随着 5G 网络、边缘计算的规模建设，新兴应用将加速驱动数据处理由云端向边侧、端侧扩散，边端计算能力持续增长，算力泛在化已成趋势，带动各种计算设备的巨大需求。未来随着边端设备种类的丰富，个人 PC 甚至家庭网关都将可能作为算力的节点，手机、智能汽车等智能终端的普及形成了数据就近处理和泛在计算处理的场景，由此也将促进用户周边信息化空间内，不同距离、不同规模的算力相互协同和联动，呈现"云—边—端"三级计算架构。目前，5G 泛终端已达 20 类，涵盖 VR/AR 头显、CPE、工业级路由器/网关、无人机、机器人、车辆 OBU 等众多品类，将在工业、医疗等非成本敏感领域普及并迭代演进，并对文化教育、休闲娱乐方式等产生颠覆性变革。

1. 云计算

云计算就是把一个个服务器或者计算机连接起来构成一个庞大的资源池，以获得超级计算机的性能，同时又保证了较低的成本，如图 1-4 所示。云计算是分布式计算技术的一种，它的原理是通过网络"云"，将所运行的巨大的数据计算处理程序分解成无数个小程序，再交由计算资源共享池进行搜寻、计算及分析后，将处理结果回传给用户。云连接着网络的另一端，为用户提供了可以按需获取的弹性资源和架构。用户按需付费，从云上获得需要的计算资源，包括存储、数据库、服务器、应用软件及网络等，大大降低了使用成本。

云计算的本质是从资源到架构的全面弹性，这种具有创新性和灵活性的资源降低了运营成本，更加契合变化的业务需求。

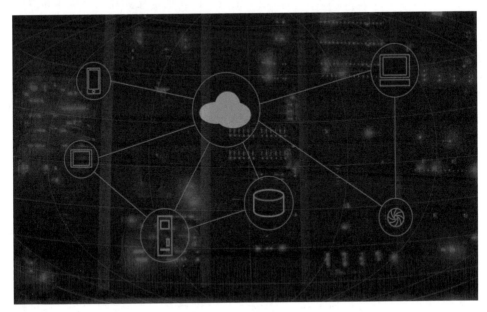

图 1-4　云计算

2．边缘计算

边缘计算是一种计算资源与用户接近、计算过程与用户协同、整体计算性能高于用户本地计算和云计算的计算模式，是实现无处不在的"泛在算力"的重要手段。其中，边缘设备可以是任意形式，其计算能力通常高于前端设备，且前端设备与边缘设备之间应当具有相对稳定、低延迟的网络连接。

与云计算数据中心相比，边缘计算中直接为用户提供服务的计算实体（如移动通信基站、WLAN 网络、家用网关等）距离用户很近，通常只有一跳的距离，即直接相连。这些与用户直接相连的计算服务设备称为网络的"边缘设备"。

边缘计算模型将原有云计算中心的部分或全部计算任务迁移到数据源附近，相比于传统的云计算模型，边缘计算模型具有实时数据处理和分析、安全性高、隐私保护、可扩展性强、位置感知以及低流量的优势。

3．终端计算

终端设备大部分时间都在扮演数据消费者的角色，比如使用智能手机观看视频、浏览新闻等。然而，随着5G泛终端的普及，终端设备也有了生产数据和计算数据的能力，且计算能力日益增强。终端计算将终端自身的算力进行整合和管理，不仅能够实现真正的算力泛在，同时还能够为用户提供更高质量的计算服务。

1.3　算力，新时代的生产力

算力从根本上改造、升级了生产力的三要素，最终驱动着人类社会的转型升级。我们谈到的智慧农业、智能工厂、无人配送等智能场景，背后都是计算的力量，它将劳动者由传统的人变成了"人+AI"，"新劳动者"可以超越生物极限，呈现指数级增长。数据作为计算的处理对象，成为一种新的劳动对象、新的生产资料，从有形到无形，生生不息，越用越多。劳动资料也由传统的机械升级为计算力驱动的信息化设备，劳动效率同样是指数级增长，生产力得到了前所未有的解放。

1.3.1　算力成为数据经济新引擎

新一轮科技革命和产业变革正在重塑全球经济结构，算力作为数字经济时代新的生产力，是支撑数字经济发展的坚实基础，对推动科技进步、促进行业数字化转型以及支撑经济社会发展发挥重要的作用。

"算力已成为我国当前最具活力、最具创新力、辐射最广泛的信息基础设施，算力成为衡量数字经济活力的关键指标。"中国信息通信研究院《中国算力发展指数白皮书》显示，2016—2020年，我国算力规模平均每年增长42%，数字经济规模增长16%，GDP增长8%，算力对数字经济和GDP增长的拉动作用显著。2020年，我国以计算机为代表的算力产业规模达到2万亿元，直接带动经济总产出1.7万亿元，间接带动经济总产出6.3万亿元，即在算力中每投入1元，将带动3～4元的经济产出。

一方面，算力直接带动数字产业化的发展。电子信息制造业、电信业、软件和数字技术服务业、互联网行业等数字核心产业的发展与算力的发展息息相关。互联网行业是最大的算力投资行业和算力需求行业。国外，亚马逊、微软和谷歌通常每个季度投入的资本支出总额超过 250 亿美元，其中大部分用于布局超大规模数据中心；国内，互联网行业算力占整体算力近 50% 的份额，以阿里巴巴、腾讯、百度、字节跳动为代表的互联网巨头对算力的需求更加迫切，同时算力的集中部署也使互联网行业成为先进生产力的代表。电信业、软件和数字技术服务业数据化起步较早，也是我国算力应用较大的行业，对算力的应用处于行业领先水平。

另一方面，算力助推产业数字化的转型升级。在算力基础设施的支撑下，电子商务、平台经济、共享经济等数字化新模式接替涌现，工业互联网、智能制造等全面加速，为我国产业数字化的持续健康发展输出强劲动力。根据中国信息通信研究院《中国算力发展指数白皮书》统计，2020 年，我国产业数字化规模达 31.7 万亿元，占 GDP 比重为 31.2%，同比名义增长 10.3%，占数字经济比重由 2015 年的 74.3% 提升至 2020 年的 80.9%。算力投入带来的数字化智能技术不仅为制造、交通、零售等多个行业带来产业产值增长，还带来了生产效率提升、商业模式创新、用户体验优化等延伸性效益，对经济增长的拉动作用愈加凸显。以制造业领域为例，以云计算、边缘计算、智能计算为代表的算力投入和规模应用可以显著提升生产效率，从需求洞察、研发、采购、生产、营销和售后等产业链环节对制造业进行赋能和重构，打造高度协同的智能制造生态体系。

1.3.2 信息消费持续释放算力需求

算力的重要性不言而喻，这与我们观察到的社会对算力的需求呈现爆发式增长也是相吻合的。信息消费已成为创新最活跃、增长最迅猛、辐射最广泛的经济领域之一。信息消费包括直接信息消费和间接信息消费。既包括传统产品消费到新型信息产品消费的演变，也包括基于语音、互联网接入与服务、信息内容与应用、软件应用等信息服务消费，已经渗透到衣、食、住、行、娱各个层面。

信息消费的形态正在发生深刻变化。信息产品从手机、电脑向数字家庭、虚拟现实/增强现实、智能网联汽车等产品延伸，可穿戴设备、消费级无人机等新产品不断涌现。信息服务从通信需求转向应用服务和数字内容消费。

智能终端消费和移动数据流量消费规模继续扩大。当前我国移动电话普及率稳步提升，4G用户渗透率超八成，用户数及用户占比持续扩大，截至2020年年底，我国5G网络用户数超过1.6亿，约占全球5G总用户数的89%。我国5G手机出货量和占比不断提升，2020年，国内5G手机总计出货量为1.63亿部，占同期手机出货量的52.9%。与此同时，移动数据流量消费规模继续扩大，2020年，移动互联网月户均接入流量（DOU）跨上10 GB区间，接入流量消费达1656亿GB，比上年增长35.7%，其中手机上网流量达到1568亿GB，比上年增长29.6%，在总流量中占94.7%。

算力泛在化促使智能终端呈现多元化发展态势，算力的需求同样从终端爆发。新兴应用加速驱动数据处理由云端向边侧、端侧扩散，边端计算能力持续增长，带动各种计算设备的巨大需求。边缘智能时代，任何一个智能设备都可能是一个"数据中心"，很可能在一个芯片上实现连接、传感、存储和计算的功能。以无人驾驶为例，因为车内部署了大量传感器，且需要实时计算这些复杂的异构数据，并给出可靠的决策依据，有人测算，自动泊车功能就需要100 TOPS性能；完全自动驾驶功能必须有500 TOPS以上的算力支持。作为对比，驾驶员监测功能只需要10 TOPS的算力即可处理。

一个动力充沛、多样性的算力时代正在来临。未来，这个新的算力时代不但将催生一个万亿级产业，更将通过新基建，源源不断地为中国经济注入澎湃的动力。

1.3.3 算力助力数字世界和物理世界无缝融合

未来，数字世界和物理世界将无缝融合，如图1-5所示，算力正成为社会发展的基石。预计到2030年，全球数据年新增1YB，通用算力增长10倍达到3.3 ZFlops，人工智能算力增长500倍（超过100 ZFlops）。全球连接总数将达到2000亿，传感器的数量达到百万亿级，大量感知计算将在边缘完成，处理大约80%的数据。

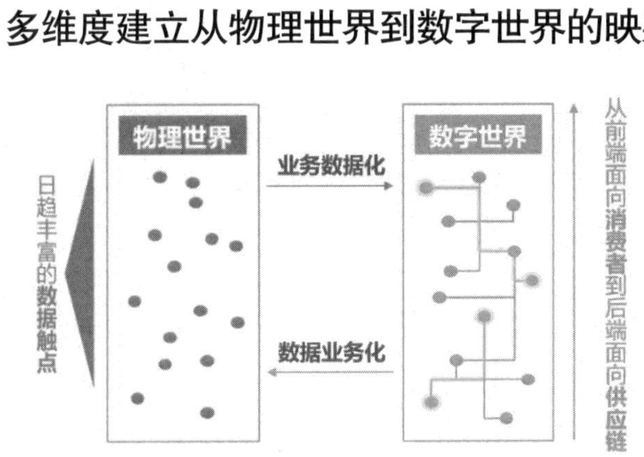

多维度建立从物理世界到数字世界的映射

图 1-5　物理世界和数字世界融合

在智慧交通领域，每辆汽车平均行驶 2 小时，行驶中每秒上传的压缩数据将从现在的 10KB 升至 1MB，10 万辆智能网联汽车每天需要传输的数据量大约为 720TB。L4+ 自动驾驶汽车单车算力将达到 5000TOPS，单个车厂的云端至少需要 10 EFlops 以上的算力。

智慧城市领域，智慧城市中的物联网传感器持续生成城市运行的环境数据，每一个物理实体都将有一个数字孪生，如城市楼宇、水资源、基础设施等将组成城市数字孪生，实现更加智能的城市管理。城市智慧治理将带来 100 倍的社会数据聚集，实现高效城市治理。

企业数智化领域，超过 30% 的企业在数字世界中运营与创新，各种 AR/VR 用户数达到 10 亿。工业制造等传统企业将在更加复杂的产业链上下游环境中实现由软件定义的高效运营，每万名制造业员工将与 390 个机器人共同工作，机器准确理解人的指令，准确感知环境，做出决策建议与行动。

第2章 算力网络

伴随数字化产业化信息基础设施的演进，算力供给模式从单点资源池、单点应用，向多层次资源池协同计算发展，未来将结合网络等资源形成一体化供给模式。在单点算力阶段，算力节点之间彼此独立，用户选择单一受限。相比之下，多级算力阶段可使云、边、端多级算力并存，可根据业务需求协同多级算力，用户选择多样化并面向 5G 与边缘计算发展。算力网络，将算力节点与无所不在的网络连接有机结合起来，形成计算、存储、网络等多维资源柔性供给模式，向用户随时随地提供算力。

算力网络的价值体现在整合算力和连接、保持用户的一致性，同时提升资源的使用效率。网络成为算力网络基础中的基础，是构建新商业的推动力。算力网络是原来 IP 网络演进的下一阶段，也是承载网演进的下一阶段。算力网络提供的多维资源供给基于无处不在的网络，将大量闲散的资源连接起来进行统一管理和调度，解决各类基础设施释放资源的碎片化孤岛，整合泛在的计算、存储和网络资源，提供一体化服务，从而实现"云、网、边、端"的高效协同，实现灵活动态部署和用户服务体验的一致性，最终实现有网即有算——有网络接入的地方即有算力提供。

算力网络作为响应国家战略、顺应产业发展和推动企业转型的必然要求，为社会数智化发展和行业转型升级带来全新机遇。在个人生活场景中，算力网络通过应用与算力融合催生全新泛在的服务形态，智能终端的算力也可以充分共享和复用；在智慧交通场景中，通过摄像头、雷达等传感设备，获取交通环境中的多维数据，并对海量数据进行分析学习，推理出相应调度策略，调节交通信号、指导车辆自动行驶；在智慧医疗场景中，通过算力网络，可实时构建渲染后的全息影像，并对网络的质量提供全程保障，从而有效满足医疗环境下术前、术中和术后，以及医疗教学环节多场景的影像分析需求。通过算力网络搭建"算力电商"的可信共享交易平台。面向高算力消耗场景，可极大降低算力租赁成本，个人和企业也可以随时将闲置算力贡献出来，获得算力服务收益。

算力网络不是新型的网络技术或简单组合，而是涉及网络、计算、平台多领域产品技术，以及标准规范、业务场景、商业模式、合作生态等多层面的综合性、系统性工程，需长期发展演进及产业链的共同努力。

2.1 算力网络因何而生

2.1.1 连接算力"消费方"和算力"提供方"

算力网络连接着算力"消费方"和算力"提供方"。"消费方"日益增长的分布式应用需要通过算力网络选择适合的算力资源，"提供方"需要通过算力网络连接孤岛式存在的算力平台来支撑多样化的用户需求。

算力消费方，希望根据自己不同场景的要求（时延大小、计算量大小、性价比、安全能力等）灵活动态选择不同形态的算力提供方。而目前，要么经过复杂对比后选择多个提供方来拼凑完整方案，并在后期投入烦琐的运营管理；要么牺牲性价比，降低某方面的算力要求来单一选择某个算力提供方。

算力提供方，需要琢磨如何将自己的算力变现，以及更有价值的变现。如何通过共享经济的模式，搭建平台，整合全社会的零星算力，这更是一个挑战。

所以，无论是算力消费方还是算力提供方，都期待着资源供给模式的变革，如图 2-1 所示。

图 2-1 资源供给模式的变革

　　将算力资源信息通过网络进行分发，在算力提供方与算力消费方之间搭建一个交易平台，这就是算力网络，如图 2-2 所示。通过算力网络，算力消费方不用太关注算力提供方是谁，由算网平台基于业务场景的诉求智能扫描，找到最匹配且性价比最高的算力提供方来提供算力。算力提供方对算力消费方是透明的。算力消费方不需要因为业务场景的复杂，而在不同算力提供方分别做算力订购、算力配置、算力计费、算力监控。如果业务场景对性能、稳定性、能力要求高，需要涉及的维度就会更多，不仅仅是选择最匹配的算力提供，还得设计、配置、选择相匹配的网络链路，以保证端到端全程的指标要求。如果业务场景对实时性能、稳定性等要求不高，只是需要较大算力，则可以选择较低的资费方案，匹配调度经济算力。

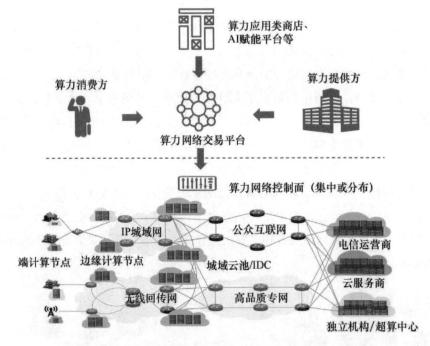

图 2-2　连接算力"消费方"和算力"提供方"

2.1.2　从"云网"到"算网"

　　算力网络是云网融合的持续演进。未来，云与网一体化基础设施将逐步承载算力和网络能力的融合。

1．"云网"和"算网"的区别

从资源匹配的角度来看，算力网络与云网协同都可以做到将算力资源信息与网络资源信息匹配，以实现多类资源的联合优化。例如，在现有的云网协同方案下，用户可以先选择一个云服务节点，再根据云服务节点与用户接入节点之间的网络情况选择最佳路径；也可以根据网络情况，选择适合的云服务节点，再选择连接路径。粗略看来，算力网络所做的事情也相差不大，但云网协同和算力网络两者在本质上却有很大的差异。

云网协同主要体现为云计算和网络服务一体化提供，网络服务于中心云，但云与网相对独立。常见做法有以下两种，一是网络将能力开放给云管系统，由云管系统统一调度算力资源、存储资源和网络资源等；二是由云管系统将网络诉求发送给网络控制单元，如网络协同编排器等，由网络控制单元根据云业务诉求来调度网络。显然，其关键是先选定云服务，再确定网络连接路径。所以一个云服务商可以连接多个网络，甚至可以利用 SD-WAN（Software-Defined WAN，软件定义广域网）等技术实现跨不同网络运营商的跨域连接。

随着 5G、MEC 和 AI 的发展，算力已经无处不在，网络需要为云、边、端算力的高效协同提供更加智能的服务，计算与网络将深度融合。应用部署匹配计算，网络转发感知计算，芯片能力增强计算，在云、网、芯三个层面实现 SDN 和云的深度协同。算力网络是算和网的全面融合，包括运营融合、管控融合、数据融合、资源融合、网络融合、协议融合等，服务于各种新业态的需求。

2．"算网"是"云网"的持续演进

云网融合是以云为主体，旨在将不同地理位置、规模各异的云计算节点统一纳管到一套云管理系统中，为云用户提供标准统一、高效便捷、安全可靠的云服务。在云网融合初级阶段中，网络能力开放程度有限，尤其是在网络接入侧。由于泛终端接入位置的广泛性、普遍性和不确定性，云厂商很难构建或租用一张泛在接入网络的基础设施实现算力的 anywhere 与 anytime 接入。另外，最重要的短板在于，由于网络开放能力的缺失以及云和网统一编排调度的标准缺失，云管理系统与网络管理系统无法互通，无法灵活、实时地根据用户需求选择并调配恰当的算力资源与网络资源。

云网融合为算网一体提供必要的云网基础能力，算网一体是云网融合的升

级。通过协议融合，实现云、网、边、端一体化网络融合；提供算力管理、算力计算、算力交易以及算力可视等能力，通过算力分配算法、区块链等技术实现泛在算力的灵活应用和交易；算、网协同编排，将所有服务快速集成、统一编排、统一运维，提供融合的、智能化的管控体系；提供算、网一体的融合运营平台，为客户提供一键式电商化服务。通过算网一体的融合能力，用户的任何计算任务都可灵活、实时、智能匹配并调用最优的算力资源，从而实现云—边—端 anywhere 与 anytime 的多方算力需求。

2.2　理解算力网络

2.2.1　算力网络的概念

作为一个新兴的概念，中国通信学会和各大运营商对算力网络都有自己的诠释。

中国通信学会在发布的《算力网络前沿报告（2020 年）》中指出，算力网络基于无处不在的网络连接，将动态分布的计算与存储资源互联，通过网络、存储、算力等多维度资源的统一协同调度，使海量的应用能够按需、实时调用泛在分布的计算资源，实现连接和算力在网络的全局优化，提供一致的用户体验。

《中国移动算力网络白皮书》中指出，算力网络是以算为中心、网为根基，网、云、数、智、安、边、端、链（ABCDNETS）等深度融合、提供一体化服务的新型信息基础设施。

中国电信在发布的《云网融合 2030 技术白皮书》中指出，算力网络是一种架构在 IP 网之上、以算力资源调度和服务为特征的新型网络技术或网络形态，而云网融合侧重网络、算力和存储三大资源的融合，具有更大的内涵和范畴。

《中国联通算力网络白皮书》中指出，算力网络是指在计算能力不断泛化发展的基础上，通过网络手段，将计算、存储等基础资源在云—边—端之间进行有效调配的方式，以此提升业务服务质量和用户的服务体验。

从中国通信学会和各大运营商的对算力网络的理解中加以提炼，总的来看，算力网络是一种根据业务需求，在云、网、边之间按需分配并灵活调度计算资源、存储资源以及网络资源的新型信息基础设施。

2.2.2　算力网络功能需求

在网络和计算深度融合发展的大趋势下，网络演进的核心需求需要网络和计算相互感知、高度协同，算力网络将实现泛在计算互联，实现云、网、边高效协同，提高网络资源、计算资源利用效率。

- 实时准确的算力发现：基于网络层实时感知网络状态和算力位置，无论是传统的集中式云算力还是在网络中分布的其他算力，算力网络可以结合实时信息，实现快速的算力发现和路由。
- 服务灵活动态调度：网络基于用户的SLA需求，综合考虑实时的网络资源状况和计算资源状况，通过网络灵活动态调度，快速将业务流量匹配至最优节点，让网络支持提供动态的服务来保证业务的用户体验。
- 用户体验一致性：由于算力网络可以感知无处不在的计算和服务，因此用户无须关心网络中的计算资源的位置和部署状态。网络和计算协同调度保证用户获得一致性体验。

展望 6G 时代，将会实现网络资源和计算资源的全面融合，满足 6G 分布式区域自治的架构，最终实现计算能力通过网络内生，网络提供泛在协同的连接与计算服务。

为了兼顾网络架构的延续性，并引入泛在计算和服务感知、互联和协同调度等新能力，算力网络应具备算力服务功能、算网编排管理功能、算力路由功能，再结合算网资源，即网络中计算处理能力与网络转发能力的实际情况和应用效能，实现各类计算、存储资源的高质量传递和流动，如图 2-3 所示。

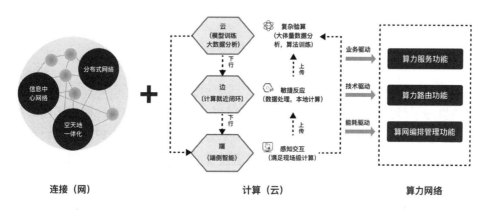

图 2-3　算力网络功能需求

- 算力服务功能：承载泛在计算的各类服务及应用，以及与之相关的算力交易功能。可以将用户包括算力请求在内的SLA请求参数传递给网络控制节点和算网编排管理节点，并且逐步根据算力服务的共性特征，形成API封装的平台级能力。

- 算网编排管理功能：完成算力运营及算力服务编排，完成对算力资源和网络资源的管理，包括对算力资源的感知、度量和OAM管理等；实现对终端用户的算网运营，以及对网络资源的管理功能。同时，也将通过合理的算网联合编排服务，降低计算网络联动的总体能耗，实现绿色低碳的算网最优组合。

- 算力路由功能：主要通过网络控制平面实现算力信息资源在网络中的关联、分发、寻址、调配、优化等功能。网络控制可以基于抽象后的算网资源发现，综合考虑网络状况和计算资源状况，将业务按需灵活地调度到不同的计算资源节点中，以便实现算力路由功能。

- 算网资源：算力网络中的统一基础设施，包含网络资源，即接入网、城域网和骨干网；各类异构算力资源，狭义上包括CPU、GPU、NPU等以计算能力为主的处理器，广义上也可以包括具备存储能力的各类独立存储或分布式存储，以及通过操作系统逻辑化的各种具备数据处理能力的设备。从设备层面来看，算力资源不仅包含服务器、存储等常用的数据中心计算设备，还包括汽车、手持终端、无人机等可以提供算力的端侧设备。

2.2.3　算力网络关键技术

1. 算力度量与建模

算力度量与建模是提供算力服务的关键基础技术。未来，算力网络中的算力提供方不再是专有的某个数据中心或计算集群，而是云边端这种泛在化的算力。泛在算力通过网络连接在一起，实现算力的高效共享。如何准确感知这些异构的泛在芯片的算力大小、不同芯片所适合的业务类型，以及在网络中的位置，并且有效纳管、监督，是算力度量与建模研究的重点内容。

通过对异构计算类型进行统一的抽象描述，形成算力建模模板，为算力路由、算力设备管理、算力计费等提供标准的算力度量规则。算力度量体系包括对异构硬件设备、不同算法以及用户算力需求等三方面的度量。首先，对异构硬件设备算力度量，从而有效地展示设备对外提供计算服务的能力；其次，计算过程受不同算法的影响，因此，可以对不同算法进行算力度量的研究，获得不同算法运行时所需算力的度量；再次，用户所需的不同服务会产生不同的算力需求，通过构建用户算力需求度量体系，可以有效感知用户的算力需求。基于统一度量体系，算力建模体系包括对异构的物理资源建模，以及从计算、通信、存储等方面对资源性能建模，构建统一的资源性能指标，以及通过构建资源性能指标与服务能力的映射完成对服务能力的建模，实现对外提供统一的算力服务能力模型。

此外，算力网络需要构建统一的算力标识体系，支持对全网算力节点进行统一的算力标识管理与分配。算力标识应当是全局唯一的，用于标识注册后的算力节点，并且算力标识应当是可验证的，支持算力调度、算力交易等。

2．算力路由技术

在算力网络中，将算力资源进行度量和建模后，通过编码的方式加载到网络控制层报文中进行信息共享。网络控制层基于共享的算力资源信息进行网络决策，引导业务路由到不同的算力资源池，或者通过不同算力资源池之间的协作进行业务处理，从而实现网络对算力资源的感知，以此为依据指导全网路由。

基于对网络、计算、存储等多维资源、服务的状态感知，算力路由技术支持将算力信息注入路由表，生成"网络＋计算"的新型路由表。基于用户的业务请求，通过网络、计算联合路径计算，按需、动态生成业务调度策略，并实现基于 IPv6/SRv6 等协议的可编程算力路由转发。算力路由技术示意图如图 2-4 所示。

算力路由节点需要在传统的路由表中，基于接收的算力状态信息，在网络信息表基础上维护本地算力信息表。路由控制面基于给定的路径 Metric 值计算方式生成算力感知的新型路由表，相比于传统的路由信息表，算力感知的路由表中新增了"算力参数信息"和"网络、计算总参数信息"。基于对应用需求的感知，结合实时的网络、计算状态信息，算力路由调度支持将应用请求沿最优路径调度至最优节点。基于"路径＋节点"联合计算和优化，从而实现可以感知业务需求的、综合考虑"路径＋节点"状态的新型路径计算，满足业务需求。

此外，结合 IPv6/SRv6/VPN 等多种协议构建支持网络可编程、灵活可扩展的新型数据面，通过在入口网关处完成业务需求和转发路径的匹配与映射，实现基于 SRv6 的显式路径转发。

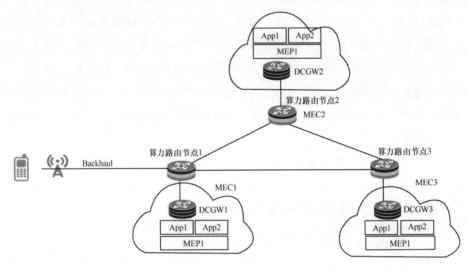

图 2-4 算力路由技术示意图

3．算网协同管理技术

全网算力节点基于算力度量和建模体系形成的节点算力信息，算网协同管理技术需要支持对算力的统一注册以及策略配置。基于算力节点信息，构建统一的全网算力服务拓扑，包括算力服务标识信息、部署位置信息等，实现对全网算力服务的统一管理。此外，根据服务所需的算力资源信息，需要结合全网算力的部署状态，动态、按需编排与部署服务。更进一步，可以将一个服务任务分解为多个子任务，各子任务可以分别在不同的算力节点上进行计算，实现各计算节点的协同。算力网络支持基于 AI 的算网流量预测，通过获取未来时间的流量分布、业务分布情况，进行算网资源的预配置、算网应用的预部署，支持对于算力和网络的联合调度和全局优化。

4．在网计算技术

依托可编程网络技术的落地部署，在网计算（In-Network Computing，

INC）可通过在网络中部署算力对报文进行处理。在网计算可通过开放的可编程的异构内生资源实现内生算力的共享，在不改变业务原有运行模式的前提下，对数据进行就近加速处理，尽可能实现应用的无缝迁移，降低应用的响应时延，简化应用的部署流程。

在网计算技术的核心是将部分计算任务从主机侧迁移至网络侧，在交换机、路由器、智能网卡、DPU 处理卡等网络设备完成计算加速，从而提升网络吞吐量，降低网络时延，减小总体能耗。传统的网络架构主要完成分组的高速转发，将计算任务和计算结果在计算节点间高速传输。在数据中心网络中，大规模分布式计算和存储的需求日渐强烈，网络传输日渐成为数据中心中分布式集群规模增大和能效提升的瓶颈。近年来，基于 RDMA（Remote Direct Memory Access）协议的方案实现了数据中心网络的大带宽、低时延和无损，使得存储和计算资源池化，一定程度上解决了数据中心网络传输的瓶颈。在此基础上，具有较强算力的新型异构网络设备，如可编程交换机、智能网卡和 DPU 处理卡等网络设备可以协同完成诸如分布式机器学习结果聚合等轻量级计算任务，从而降低数据中心网络内部的网络流量。此外，由于计算任务在网络中完成，不必再送往端侧进行处理，可以降低计算任务和计算结果的传输跳数，大幅降低整体任务的处理时延。

2.2.4　算力网络的体系架构

体系架构层面，算力网络主要包括算网基础设施、算网大脑、算网运营三大领域。如中国移动就将算力网络体系划分为算网基础设施层、编排管理层、运营服务层，分别对应于算网底座、算网大脑、算网运营，如图 2-5 所示。

1．算网基础设施

"十四五"规划已明确提出通过算力与网络基础设施构建国家新型数字基础设施。算网基础设施层是算力网络的坚实底座，以高效能、集约化、绿色安全的新型一体化基础设施为基础，形成云边端多层次、立体泛在的分布式算力体系，满足中心级、边缘级和现场级的算力需求。网络基于全光底座和统一 IP 承载技术，实现云边端算力高速互联，满足数据高效、无损的传输需求。用户可随时、随地、随需地通过无所不在的网络接入无处不在的算力，享受算力网络的极致服务。算力基础设施的建设，主要通过 5G 边缘计算构建云边协同、布局合理、架构先进的算力基础设施。网络基础设施的建设，主要通过 SRv6、确定性网络等网络协议实现网络对算力的感知、承载与调度，进一步实现算在网中，从而具备算、网统一管理的条件。

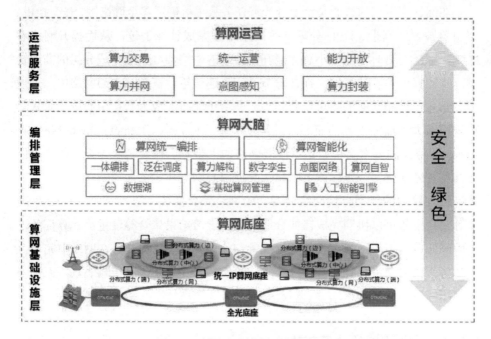

图 2-5　中国移动算力网络体系架构

2．算网大脑

算网大脑作为算网的中枢核心，主要实现算力感知、算网统一调度、算网智能编排等。通过将算网原子能力灵活组合，结合人工智能与大数据等技术，向下实现对算网资源的统一管理、统一编排、智能调度和全局优化，提升算网效能，向上提供算网调度能力接口，支撑算网多元化服务。算网大脑的关键组成包括四部分：首先，算网编排中心，实现算网业务网络资源和算力资源统一编排；其次，算网调度中心，实现网络和算力资源采集、感知、调度与开通；再次，算网智能引擎，提供算网注智以实现网络与算力性能，网络与算力资源达到联合效用或者期望最优；最后，算网数字孪生中心，利用数字孪生技术实现算网建模与编排仿真。

3．算网运营

算网运营服务是算力网络的服务和能力提供平台，通过将算网原子化能力封装并融合多种要素，实现算网产品的一体化服务供给，使客户享受便捷的一站式服务和智能无感的体验。算力网络的商业目标是像卖水电一样提供算力服务，其重要内涵是构建、设计一套完整的算力商业运营模式，以满足算力需求、供给等多方需求，实现多方的利益最大化。商业模式的关键要素包含多方的合作边界、分账模式、算力计费等；在技术方面，结合区块链等技术构建可信算网服务统一交易和售卖平台，打造新型算网服务及业务能力体系。

2.3 算力网络发展展望

正如水力发展离不开水网，电力发展离不开电网，算力发展离不开"算力网络"。为了让用户享受随时随地的算力服务，发展算力网络需要重构网络，使其形成继水网、电网之后国家新型基础设施，打造"一点接入，即取即用"的社会服务。最终实现"网络无所不达、算力无所不在、智能无所不及"。

算力网络是运营商"云算网融合"和"网络转型"的强力助推剂，助力运营商打破"管道化"困境。当前网络只作为信息传输载体，网络价值单一，导致运营商网络被"管道化"。基于运营商天然的"大连接"能力，算力网络利用运营商"重计算资产"和"网络云化"的优势，提供"优质连接＋优质计算"的融合服务，赋能未来网络升级；此外，算力网络可统一调度未来社会中泛在的多样化算力，以统一服务的方式，高效、灵活、按需提供给用户，助力构建更开放、更多元化、更高价值的运营商网络。算力网络提供"网络＋算力"变现的新模式，构建开放共赢的算力生态。作为一个开放的基础设施，算力网络使能海量的应用、服务和计算资源。短期来看，有助于运营商边缘计算生态的构建和发展，通过按需、灵活、高效联合调度网络资源和算力资源，保障用户的业务体验，助力"网络＋算力"变现；中长期来看，未来网络设备将内生算力，真正实现"转发即计算"，从根本上颠覆现有的计算及网络模式；此外，通过引入区块链等去中心化技术，使能全新的"网络＋算力"交易模式，赋能算力生态的共繁荣与共赢。

2.3.1　算力网络发展阶段

算力网络实现算网共促，将"算力＋网络"作为一体化的生产力统一供给、发展，有利于信息服务新模式构建。以网强算，借助基础网络系统化优势改变算力单点薄弱现状，有利于国家整体算力布局；以算促网，将算力调度的高需求转化为网络超宽带、高智能发展的动力，有利于网络持续领先发展。算力网络的演进从目前的算网分治逐步走向算网协同，最终发展为算网一体化。基于目前边缘计算的发展，算力网络将首先实现多个边缘节点算力资源的合理分配和调度，满足用户的业务体验，以及提高资源的利用率。随着云边算力趋向泛在化，网络更加扁平化、灵活化、服务化，算力网络走向算网协同阶段。通过对业务、算力资源和网络资源的协同感知，将业务按需调度到合适的节点，实现算网资源统一编排、统一运维、统一优化，最终实现算网共弹共稀。随着"云—边—端"三级算力全泛在、空天地一体网络全互联，网络资源和计算资源将实现全面融合的新形态，走向算网一体阶段。算网共进，提供新服务，打造新模式，培育新业态，真正解决算网融合问题，实现在网计算，算网一体共生。算力网络发展路线如图 2-6 所示。

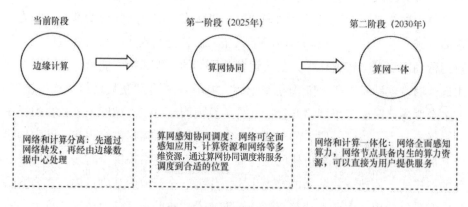

图 2-6　算力网络发展路线

2.3.2　算力网络面临的挑战

算力网络是一个长期、庞大的系统工程，对于产业链企业来说既是机遇、又是挑战。实现算力网络的愿景和目标，将面临一系列的挑战。

首先，跨域、多层次、异构算力的标准化建模和度量。算力网络的核心是算，目前海量、分散的数据处理算力场景，仅仅单个数据中心已无法满足需求，需要广泛的云—边—端算力协同，因此在算力网络的架构设想中，算力是立体泛在、异构多层次的，具备内核多样化、分布泛在化、产品立体化、生命动态化等特性，从算力的使用场景分析，需要准确地实现算力的调度、分配、协同，因此，如何度量和描述跨域、多层次、异构算力，构建标准统一的算力衡量标准并对外输出，是要解决的首要问题。

其次，算力和网络状态的动态感知。从用户随需、算力随用、网络随选的业务诉求和目标来看，要实现算力部署的智能定位决策、网络路由的最优路径选择，需要有全局、实时、准确的算网资源、性能等信息来提供数据支持，通过算网动态感知能力支撑前端业务部门解决方案并快速输出，支撑后端部门编排线上算网资源快速确认和流量路径智能调优。因此，如何全面、实时、准确地感知算网资源状态、灵活敏捷地匹配多样化用户需求，实现算力随选、智能编排，是要解决的关键问题。

再次，社会级闲散算力接入规范和标准的制定。算力网络不仅需要接入运营商合营或自建的算力池，未来还需吸纳全社会各方闲散算力，通过引入区块链等去中心化技术，打造一套算力接入规范和标准，对闲散算力资源和多方算力资源进行规范化管理，从而实现算力快速接入、可信交易及行为规范，因此，如何制定和推广社会闲散算力的规范和标准，实现快速接入和可信交易，是要解决的根本问题。

最后，如何保障算力的可信交易。算力交易作为一种计算能力，看不见摸不着。算力交易涉及算力消费者、算力提供者、算力平台运营者多方，算力消费者购买了多少算力，算力平台运营者提供了多少算力，算力提供者的算力被使用了多少，很难验证，在数据的追溯、账单对账、协议保存方面存在很多缺失。在搭建算网交易平台时引入区块链技术，通过"算力交易＋区块链"的应用，实现算力交易不可篡改、透明性、可信任，是实现多方算力共享交易模式的基本保障。

第 **3** 章　算力网络提升大数据发展

3.1　数据融入经济社会发展各领域

中国信息通信研究院在发布的《大数据白皮书（2021 年）》中指出，"历经多年发展，大数据从一个新兴的技术产业，正在成为融入经济社会发展各领域的要素、资源、动力、观念"，而算力网络的出现将进一步加速这一过程。

大数据是数字经济的核心内容和重要驱动力，数字经济是大数据价值的全方位体现。通常把数字经济分为数字产业化和产业数字化两方面。数字产业化指信息技术产业的发展，包括电子信息制造业、软件和信息服务业、信息通信业等数字相关产业；产业数字化指以新一代信息技术为支撑，传统产业及其产业链上下游全要素的数字化改造，通过与信息技术的深度融合，实现赋值、赋能。从外延来看，经济发展离不开社会发展，社会的数字化无疑是数字经济发展的土壤，数字政府、数字社会、数字治理体系建设等构成了数字经济发展的环境，同时，数字基础设施建设以及传统物理基础设施的数字化奠定了数字经济发展的基础。数字经济呈现三个重要特征：一是信息化引领。信息技术深度渗入各个行业，促成其数字化并积累大量数据资源，进而通过网络平台实现共享和汇聚，通过挖掘数据、萃取知识和凝练智慧，又使行业变得更加智能。二是开放化融合。通过数据的开放、共享与流动，促进组织内各部门间、价值链上各企业间、甚至跨价值链跨行业的不同组织间开展大规模协作和跨界融合，实现价值链的优化与重组。三是泛在化普惠。无处不在的信息基础设施、按需服务的云模式和各种商贸、金融等服务平台降低了参与经济活动的门槛，使得数字经济出现"人人参与、共建共享"的普惠格局。

　　大数据驱动传统产业向数字化和智能化方向转型升级，是数字经济推动效率提升和经济结构优化的重要抓手。大数据加速渗透和应用到社会经济的各个领域，通过与传统产业进行深度融合，提升传统产业的生产效率和自主创新能力，深刻变革传统产业的生产方式和管理、营销模式，驱动传统产业实现数字化转型，如图 3-1 所示。电信、金融、交通等服务行业利用大数据探索客户细分、风险防控、信用评价等应用，加快业务创新和产业升级的步伐。工业大数据贯穿工业设计、工艺、生产、管理、服务等各个环节，使工业系统具备描述、诊断、预测、决策、控制等智能化功能，推动工业走向智能化。利用大数据为作物栽培、气候分析等农业生产决策提供有力依据，提高农业生产效率，推动农业向数据驱动的智慧生产方式转型。大数据为传统产业的创新转型、优化升级提供重要支撑，引领和驱动传统产业实现数字化转型，推动传统经济模式向形态更高级、分工更优化、结构更合理的数字经济模式演进。

图 3-1　大数据赋能各行业

　　大数据推动不同产业之间进行融合创新，催生新业态与新模式不断涌现，是数字经济创新驱动能力的重要体现。首先，大数据产业自身催生出如数据交易服务、数据租赁服务、分析预测服务、决策外包服务等新兴产业业态，同时推动可穿戴设备等智能终端产品的升级，促进电子信息产业提速发展。其次，大数据与行业应用领域进行深度融合和创新，使传统产业在经营模式、盈利模式和服务模式等方面发生变革，涌现出如互联网金融、共享单车等新平台、新模式和新业态。最后，基于大数据的"创新创业"日趋活跃，大数据技术、产业与服务成为社会资本投入的热点。大数据的共享开放成为促进"大众创业、万众创新"的新动力。由技术创新和技术驱动的经济创新是数字经济实现经济包容性增长和发展的关键驱动力。随着大数据技术被广泛接受和应用，诞生出新产业、新消费、新组织形态，以及随之而来的创业创新浪潮、产业转型升级、就业结构改善、经济提质增效，正是数字经济的内在要求及创新驱动能力的重要体现。

3.2　跨地域数据协同

国家发展改革委在 2020 年发布的《关于加快构建全国一体化大数据中心协同创新体系的指导意见》中指出，推动算力资源服务化，构建一体化算力服务体系，优化算力资源需求结构。通过算力网络提供的算力服务体系，能更方便地实现跨地域数据协同，加速数据融合流通。

3.2.1　云边数据协同

在面向物联网、大流量等场景下，为了满足更广连接、更低时延、更好控制等需求，云计算在向一种更加全局化的分布式节点组合形态进阶，边缘计算是其向边缘侧分布式拓展的新触角，如图 3-2 所示。设备产生大量的数据，数据都上传到云端进行处理，会对云端造成巨大的压力，为分担中心云节点的压力，边缘计算节点可以负责自己范围内的数据计算和存储工作。同时，大多数的数据并不是一次性数据，那些经过处理的数据仍需要从边缘节点汇聚集中到中心云，云计算做大数据分析挖掘、数据共享，同时进行算法模型的训练和升级，升级后的算法推送到前端，使前端设备更新和升级，完成自主学习闭环。同时，这些数据也有备份的需要，当边缘计算过程中出现意外情况，存储在云端的数据也不会丢失。

云计算与边缘计算需要通过紧密协同才能更好地满足各种需求场景的匹配，从而最大化体现云计算与边缘计算的应用价值。

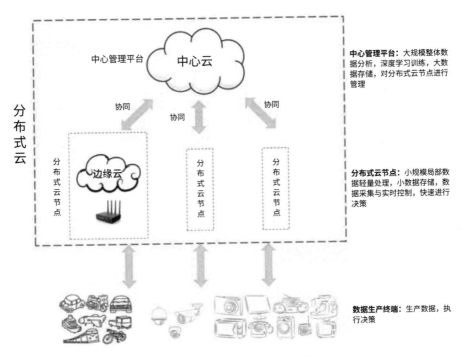

图 3-2　云边数据协同示意图

3.2.2　分布式云数据中心

　　分布式云数据中心是物理分散、逻辑统一、业务驱动、云管协同、业务感知的数据中心。其核心理念在于，物理分散、逻辑统一，将企业分布于全球的数据中心整合起来，使其像一个统一的数据中心一样提供服务，通过多数据中心融合来提升企业 IT 效率。

　　分布式云数据中心通过云计算技术、广域网二层网络互联技术等，将多个数据中心组建成一个融合计算、存储、网络等的分布式"虚拟资源池"，该资源池可将各地数据中心统一整合，通过多数据中心融合实现去地域化和自动化，提升企业效率。相比传统数据中心的"同城主备／双活数据中心"或"两地三中心"，分布式云数据中心的部署方案实现了所有业务数据的统一调配与管理，灾备迁移与业务处理效率将得到有效提升。

　　目前，分布式数据中心在建设过程中面临一些挑战，主要包括网络、存储、计算和安全四个方面。

- 在网络方面，多个分布式数据中心间的通信是首要问题。建设时需考虑多区域间如何实现灵活组网与入云连接。目前主流的技术方案是基于广域网二层网络互联技术，构建多数据中心间组网，形成统一的逻辑网络。但目前各个网络设备供应商间的广域网二层网络和协议并未统一，故在设备的兼容性上可能存在一定问题。

- 在存储方面，如何实现数据协同是一大难题。随着业务高覆盖，各地数据中心协同的重要性日益提高。分布在各地的数据中心通常由运营商网络带宽、传输专线等实现协同，但囿于距离与规模，各地数据中心间的网络带宽无法保证数据实时同步，目前各地数据中心协同只能采用异步传输，这对数据的一致性与完整性、业务的连续性造成一定影响。

- 在计算方面，如何管理计算资源是重大挑战。例如分布式数据中心的数据迁移和灾备建设，如何在应用或业务突发性中断时，快速实现数据迁移与重启，这要求数据中心日常进行计算资源管理时，不仅要做好常规故障排查，还要做好数据资源的迁移规划和安排工作。

- 在安全方面，如何保证数据中心安全性是严峻考验。传统数据中心普遍采取星形组网方式，即所有分支机构点对点直连总部数据中心，此时尽管分支缺乏灵活性，但位于总部的安全网关足够保证传统数据中心的数据存储、处理安全问题。而当基于云计算的分布式数据中心引入后，总部与分支通过云网进行融合，此时安全问题便成为重大挑战。

这四个方面的问题正好是算力网络需要解决的问题，也是算力网络的价值所在。随着算力网络建设的推进，将有力推动政府、企业分布式云数据中心的发展。政务服务"跨省通办"就是一个典型的例子。

与各地普遍实施的"一网通办"相比，政务服务"跨省通办"要求不同地域、不同层级及不同部门之间多向度整合，形成纵横交错的复杂网络，相关数据共享涉及"块与块""条与条""条与块"等多层次协调。数字政府建设的核心在于数据共享，特别是政府掌握了大量政务数据，如果这些数据不能共享，所提倡的"网上办、掌上办、一次办"都是实现不了的。依托国家算力枢纽体系和基础电信企业算力网络，重点围绕面向区域、面向基层、面向乡村的共享交换能力建设，发挥我国数字设施的覆盖优势，加快建设全国一体化政务数据共享交换平台，如图3-3所示。

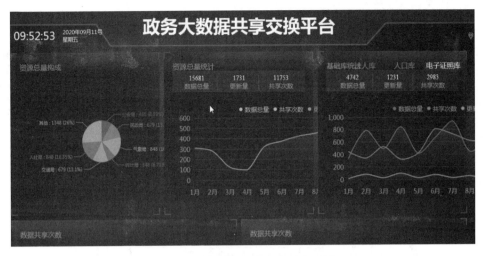

图 3-3　政务数据共享交换平台示例

3.3　跨行业数据流通

2020 年，中共中央、国务院发布《关于构建更加完善的要素市场化配置体制机制的意见》，指出了土地、劳动力、资本、技术、数据五个要素领域改革的方向。针对数据要素领域，要推进政府数据开放共享，提升社会数据资源价值，加强数据资源整合和安全保护。

政务数据在更多时候代表的是公共数据，与之相对的，还有社会数据、企业数据。比如，互联网企业掌握了海量的数据，这些数据都涉及个人，在保护个人隐私的前提下，如果能实现政务数据、社会数据、企业数据的共享和整合，这些数据就能在社会生活中具备更多的应用场景。从 2020 年开始的新冠肺炎疫情防控，在某种程度上促进了三类数据的融合和共享。手机运营商掌握了通信数据，卫生健康部门掌握了医疗数据，相关互联网公司掌握了社会数据，这些数据打通以后，我们的健康码才能在具体的场景中运转起来，实现精准防控。

跨领域、跨地域、跨层级、跨系统、跨部门、跨业务的数据链的断裂问题是我国数据流通情景下的数据要素治理普遍存在的问题，应结合不同阶段的数据使用者的需求和目标，不断提升数据供给质量，强化数据产品及服务的管理水平，实现数据要素高效、安全的流通及应用。

3.3.1 全链路数据治理，提供高品质数据供给

数据要素的价值发挥分成四步，如图3-4所示。第一步，梳理资产，形成数据资产的目录。第二步，进行数据的认责，把数据进行标准化，然后实现数据的精练。第三步，保障数据安全，然后进行数据的分类分级，并且形成数据清单，包括需求清单、负面清单、责任清单。最后，在这些基础之上，才能够真正探索数据的价值。前三步更像一个数据的加工厂，其上是一个数据价值的卖场或者数据流通的机制。

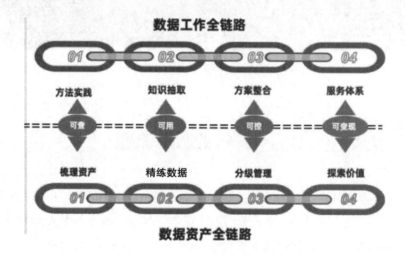

图3-4 全链路数据治理

3.3.2 开展数据资产化作业，释放数据要素化价值

基于数据认责，数据质量提升形成一个闭环的体系。在这个体系里面，由业务部门定义数据问题和数据规则，由技术部门把这些规则部署在整个数据链路上。当出现数据问题的时候，会根据认责的举证，快速分发到数据产生的云端以及主管的相应部门，这样数据问题可以快速得到解决，需求可以快速得到响应，从而提升了整个公司内部运作的效率。

在数据资产定级的基础之上，比如说把企业内部的数据按照成本、人力、财务、营销各个业务的属性进行分类，在分类的基础之上，每个业务部门制定好自己这个部门可以对外开放的数据，或者是可以贡献给其他部门的数据，或

者是只能够供自己部门使用的数据，进而制定相应的共享策略。有了共享策略的保障之后，公司内部对各类数据有序地进行共享，或者有序地对外开放。

3.3.3　充分利用已有资源与能力，开创数据增值服务体系

举个例子，疫情复工指数可以基于用电情况来辅助判断。一般而言，用电情况也可以看电力、看经济，基于用电情况去看某一个行业的消费情况，这对于其他行业和政府都很有帮助。

对于企业来说，数据运营变现的体系还是一个新生的事物，要有组织上和工作机制上的一些配套。以前的数据工作更多是在 IT 团队的数据部门，现在有可能把它独立出来变成一个独立的数据部门。但是如果要对外合作变现的时候，组织方式还是应该有一些变化，在这个基础上需要市场组的设计，然后需要技术组、交付组还有运营组以数据产品为中心的组织和工作机制的设计，才能够让一个传统企业对外做数据合作的时候，在组织和运转过程当中有一个组织和运营机制的保障，如图 3-5 所示。

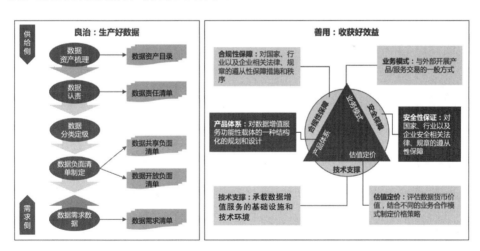

图 3-5　数据增值服务体系

第二篇
面向算力网络的大数据关键技术

  算力网络作为继大数据、云计算之后的又一新技术领域，在其技术体系的构建中，并不是与传统大数据技术进行割裂，而是充分利用和结合传统大数据技术能力，从算网构建的需求出发，对传统大数据技术进行演进和扩展。在此基础之上，形成以边缘计算、分布式协同计算、数据编织、隐私计算等为核心的算网技术体系，突破了传统云计算固有的中心化模式的限制，真正实现计算能力跨资源、跨地区的高效应用。

第 4 章

边缘计算

边缘计算是算力网络的核心要点之一，是构建算力网络的重要关键技术，边缘计算的概念和构想是随着技术演进和场景需求变化而出现的，由于边缘计算与去中心化计算的天然关联性，使得边缘计算在算力网络中发挥着重要作用，本章节将从概念、关键技术、应用场景等方面来阐释算力网络中的边缘计算技术。

4.1　边缘计算简介

4.1.1　边缘计算的定义及发展趋势

全球数字化革命正在引领新一轮产业变革，行业数字化转型的浪潮正孕育兴起。这一波浪潮的显著特点是将"物"纳入智能互联，借助 OT（Operation Technology）与 ICT（Information and Communication Technology）技术的深度协作与融合，行业自动化、信息化水平大幅提升，满足用户个性化的产品与服务需求，推动从产品向服务运营全生命周期转型，触发产品服务及商业模式创新，并对价值链、供应链及生态系统带来长远深刻的影响。"边缘"这个词在物联网的世界里被赋予了新的定义，特指在设备端的附近，所以根据字面定义，边缘计算即在设备端附近产生的计算。边缘计算是在靠近物或数据源头的网络边缘侧，融合网络、计算、存储、应用核心能力的开放平台，就近提供边缘智能服务，满足行业数字化在敏捷连接、实时业务、数据优化、应用智能、安全与隐私保护等方面的关键需求。

2019 年，5G 概念爆发以后，边缘计算的概念也被迅速推广普及，边缘计算出现的时间并不长，这一概念有许多人进行过概括，范围界定和阐述各有不同，甚至有些是重复和矛盾的，目前比较推崇 OpenStack（由 NASA 和 Rackspace 合作研发并发起的，以 Apache 许可证授权的自由软件和开放源代码项目）社区定义的概念，即：

"边缘计算是为应用开发者和服务提供商在网络的边缘侧提供云服务和 IT 环境服务；目标是在靠近数据输入或用户的地方提供计算、存储和网络带宽"。通俗地说，边缘计算本质上是一种服务，类似于云计算、大数据、人工智能等服务，但这种服务非常靠近用户，如图 4-1 所示，与一般在后台提供的服务不同，为什么边缘计算要靠近用户？其目的是让用户感觉不到服务与交互的时延性，例如视频电话、直播等都不存在延迟与卡顿，刷什么内容都特别快。

边缘计算着重要解决的问题是传统云计算（或者说是中央计算）模式下存在的高延迟、网络不稳定和低带宽问题。举一个现实的例子，几乎所有人都遇到过手机 App 出现 404 错误的情况，这些错误的出现就和网络状况、云服务器带宽限制有关系。由于网络、硬件资源条件的限制，云计算服务不可避免受到高延迟和网络不稳定带来的影响，但是通过将部分或者全部信息处理程序迁移至靠近用户或数据收集点，边缘计算能够大大减少在中心模式站点下给应用程序所带来的影响。

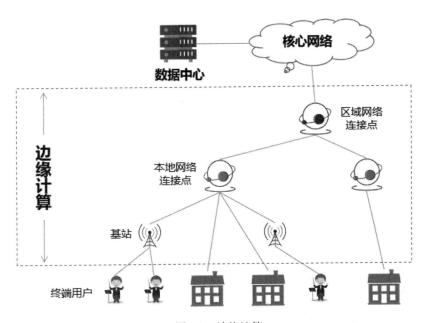

图 4-1　边缘计算

边缘计算将有怎样的发展趋势？在应用发展趋势层面，接下来的几年中，随着越来越多的最终用户设备使用它来提高性能、功能和电池寿命，未来将看到该技术应用的爆炸式增长。传统的边缘设备主要仅限于智能手机、平板电脑、笔记本电脑、PC 和游戏机等，目前已经能看到它被用于虚拟现实耳机、自动驾驶汽车、无人机、可穿戴技术、增强现实设备等等。随着物联网设备的普及率急剧上升，医疗保健、采矿、物流和智能家居等行业逐步引入互联网与边缘计算，这种应用扩展似乎将持续一段时间。

在技术发展趋势层面，未来将看到许多现有云技术与它们的集中式根源脱钩，可能需要对诸多云计算之类的服务进行大修，以在最靠近请求原始点的边缘位置运行功能，而不是进行区域锁定，未来还将看到诸如区块链和雾计算等新兴边缘技术的成熟，区块链的潜力令人兴奋，因为其去中心化系统和复杂算法的应用远远超出了比特币，潜在的用途包括后勤和投票，可以在安全和防止欺诈方面提供帮助。

在市场发展趋势层面，边缘计算可能会在规模和市值方面超越云计算，但是边缘计算不太可能取代云计算，甚至不会降低其市值，相反，随着边缘计算的成熟，云计算将与之一起发展，但发展速度将减慢，从而为边缘计算和业务运营提供许多后端和支持功能，最终形成云—边缘计算一体的大生态。

4.1.2 边缘计算与传统云计算的区别

传统云计算利用集中式的部署降低管理和运行的成本，但这种处理方式不是一劳永逸的。近年来，随着移动互联网、物联网等新兴技术的发展和应用，计算资源的分布趋向分散化。

传统海量数据的存储和处理依赖于强大的云平台，云计算具有资源集中的优势，其数据处理方式具有非实时性和长周期性的特点。与云计算相比，边缘计算不仅具有良好的实时性和隐私性，还避免了带宽瓶颈的问题，更适用于本地数据的实时处理和分析。

目前，海量数据的处理和存储主要依赖于云计算。尽管云计算有很多优点，但是随着移动互联网和物联网的发展，云计算也凸显出很多问题。云服务提供商在世界各地建立大型的数据处理和存储中心，有足够的资源和能力服务用户。然而，资源集中意味着终端用户设备与云服务器之间的平均距离较大，增加了网络延迟和抖动。由于物理距离的增加,云服务器无法直接、快速地访问本地网络的信息,如精确的用户位置、本地网络状况和用户移动性行为等。

此外,云计算的规模日益增长,其固有的服务选择问题在集中式的资源配置模式下始终是一个开放性的问题。对于车联网、虚拟现实/增强现实(Virtual Reality,VR/Augmented Reality,AR)、智慧交通等延迟性敏感的应用,云计算无法满足低延迟、环境感知和移动性支持等要求。

与云计算不同,边缘计算具有快速、安全、易于管理等特点,更适合用于本地服务的实时智能处理和决策。与传统云计算实现的大型综合性功能相比,边缘计算实现的功能规模更小、更直观,以实时、快捷和高效的方式对云计算进行补充。两个计算模型的优势互补表现在:一方面,边缘计算靠近数据源,可作为云计算的数据收集端。同时,边缘计算的应用部署在网络边缘,能够显著降低上层云计算中心的计算负载;另一方面,基于云计算的数据分析状况,可以对边缘计算的理论及关键技术实施修正和改进。

边缘计算与传统云计算的工作方式是将终端设备的数据在就近的节点上进行计算,传统的云计算模型将数据全部上传至云端,利用云端的超级计算能力进行集中处理。边缘计算通过将算力下沉到边缘节点,实现边缘与云端的协同处理。

面对万物互联场景中高带宽、超低时延的需求,云计算在以下三个方面存在不足:

1．数据处理的实时性

云计算无法满足数据处理的实时性。考虑到物联网设备的数量呈几何式增长,单位时间内产生的数据大量增加,数据处理的时效性显得更加重要。传统的云计算受限于远程数据传输速率以及集中式体系结构的瓶颈问题,无法满足大数据时代下各类应用场景的实时性要求。如在工业领域中运用云端融合技术解决大数据处理的实时性、精准性等问题,实现工业大数据的处理分析决策与反馈控制的智能化和柔性化。

2．安全与隐私

在云计算中,所有数据都要通过网络上传至云端进行处理,计算资源的集中带来了数据安全与隐私保护的风险。即使是谷歌、微软和亚马逊等全球性的云计算服务提供商也无法完全避免数据的泄露和丢失。在云计算中，不安全的应用程序接口、账户劫持和证书认证体系缺陷等问题会对数据安全造成很大的威胁。

3．网络依赖性

云计算提供的服务依赖于通畅的网络，当网络不稳定时，用户的使用体验很差。在没有网络接入的地方，无法使用云服务。因此，云计算过度地依赖于网络。

云计算的诸多不足加速了边缘计算的产生，边缘计算将计算和存储功能下沉至网络边缘的数据产生侧，将传统云计算的部分处理任务迁移至边缘计算节点，很好地解决了云计算存在的问题。目前，边缘计算并不能完全取代云计算，二者的发展与应用相辅相成。边缘计算与云计算共同协作能够有效减少数据传输、合理分配计算负载和高效进行任务调度。边缘计算基础设施在网络边缘侧提供计算卸载、数据处理、数据存储和隐私保护等功能。

4.2　边缘计算技术特点分析

相比于集中部署的云计算而言，边缘计算不仅解决了时延过长、汇聚流量过大等问题，同时为实时性和带宽密集型的业务提供更好的支持。综合来看，边缘计算具有以下特点。

4.2.1　低延时性

低时延是业界公认的边缘计算具有代表性的特点，如图 4-2 所示，边缘计算的部署非常靠近信息源，海量的数据信息不再需要上传到云端进行处理，大大降低了网络延时，使得反馈更加及时，这在一些实时性要求极高的场景下非常关键，比如车联网，对人而言，车辆对突发情况的实时反应速度是生死攸关的问题，如果等到突发情况上传到云端，再等云端计算、分析、下达指令恐怕是来不及的。

随着工业互联网、自动驾驶、智能家居、智能交通、智慧城市等各种场景的日益普及，这些场景下的应用对计算、网络传输、用户交互等的速度和效率要求也越来越高。以自动驾驶为例，在这些方面，几乎是要求秒级甚至是毫秒级的速度。面对自动驾驶方面由摄像头、雷达、激光雷达等众多传感器创造的大量数据，传统数据中心模式的响应、计算和传输速度，显然是不够的，这时候"近端处理"的边缘计算，自然就成为了"低时延"要求的最好选择。据运营商估算，若业务经由部署在接入点的 MEC（多接入边缘计算 Multi-Acess Edge Computing）完成处理和转发，则时延有望控制在 1ms 之内；若业务在接入网的中心处理网元上完成处理和转发，则时延在 2～5ms；即使是经过边缘数据中心内的 MEC 处理，时延也能控制在 10ms 之内，对于时延要求高的场景，如自动驾驶，边缘计算更靠近数据源，可快速处理数据、实时做出判断，充分保障乘客安全。

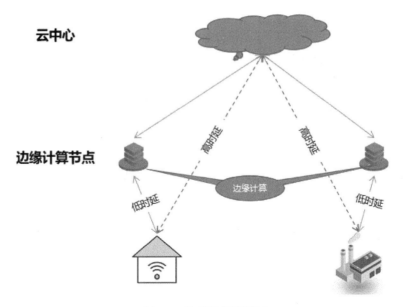

图 4-2　边缘计算低时延

4.2.2　去中心化

平台中心集中化和分布式部署始终是网络时代的两种模式，目前强调比较多的是开放包容，所谓的开放包容也就是去中心化，也就是分布式部署。互联网行业为"去中心化"模式奋斗了 20 多年，但目前仍然是任重而道远，拼购、社区团购、社交电商一定程度上破除了电商的中心化，自媒体破除了媒体领域的中心化，当然，边缘计算也会破除计算的中心化，因为从行业的本质和定义上来看，边缘计算就是让网络、计算、存储、应用从"中心"向边缘分发，以就近提供智能边缘服务。

4.2.3　低带宽消耗

由于边缘计算靠近信息源，可以在本地进行简单的数据处理，不必将所有数据或信息都上传至云端，这将使得网络传输压力下降，减少网络堵塞，网络速率也因此大大增加。大大改善了用户体验，降低了网络在其他部分尤其是海量数据在云中心堆积可能发生的拥塞，大大缓解了云中心数据存储、分析和计算的压力。

4.2.4　高安全可靠性

在边缘计算出现之前，海量用户数据都要上传到数据中心，在这个过程中，用户的数据尤其是隐私数据，比如个体标签数据、银行账户密码、电商平台消费数据、搜索记录、甚至智能摄像头等等，就存在着泄露的风险。而边缘计算在很多情况下，不需要把数据上传到数据中心，而是在边缘近端就可以处理，在接收到数据之后，可以对数据加密后再进行传输，从源头上提升了数据的安全性。边缘数据中心处理及传输可靠性对实时性业务至关重要，用户体验更加直接、明显。边缘计算中的数据仅在源数据设备和边缘设备之间交换，不再全部上传至云计算平台，防范了数据泄露的风险。

4.2.5　非寡头化

长期以来，TMT 即电信、媒体和科技（Telecommunication，Media，Technology）行业在很多领域都存在着强者恒强，甚至是赢家通吃的现象。在即时通信、社交、搜索、安全等领域均是如此。但是，在边缘计算领域，这一现象或将不存在。最主要的原因在于，边缘计算是互联网、移动互联网、物联网、工业互联网、电子、AI、IT、云计算、硬件设备、运营商等诸多领域的"十字入口"，一方面，参与的各类厂商众多，另一方面，"去中心化"在产品逻辑底层，在一定程度上通向了"非寡头化"。

4.2.6　绿色节能

边缘计算支持数据本地处理，数据是在近端处理，大流量业务本地卸载可以减轻回传压力，因此在网络传输、中心运算、中心存储、回传等各个环节，都能节省大量的服务器、带宽、电量乃至物理空间等诸多成本，从而实现低成本化、绿色化，譬如，一些连接的传感器（例如相机或在引擎中工作的聚合传感器）会产生大量数据，在这些情况下，将所有信息发送到云计算中心将花费很长时间和过高的成本，如若采用边缘计算处理，将减少大量带宽成本。

4.3　边缘大数据技术

4.3.1　边缘计算参考技术架构

ECC（Edge Computing Consortium，边缘计算产业联盟）于 2016 年成立，是边缘计算的积极推动者。ECC 对边缘计算进行了定义，明确了边缘计算的特点和方向，并指出边缘计算可以作为连接物理和数字世界的桥梁，赋能智能资产、智能网关、智能系统和智能服务。

ECC 认为，边缘计算与云计算是行业数字化转型的两大重要支撑，两者在网络、业务、应用、智能等方面的协同将有助于支撑行业数字化转型，创造更广泛的场景与更大的价值。其中，云计算适用于非实时、长周期数据、业务决策场景，而边缘计算在实时性、短周期数据、本地决策等场景方面有不可替代的作用。ECC 给出边缘计算的主要特性包括连接性、数据第一入口、约束性、分布性、融合性等。ECC 提出的边缘计算参考架构如图 4-3 所示。

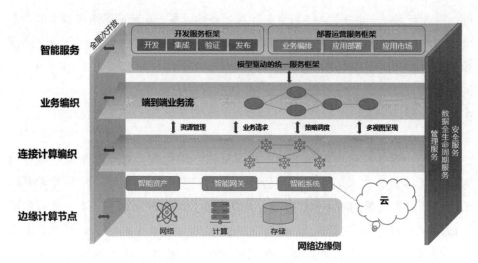

图4-3 边缘计算技术参考架构

主要包括如下层次化组件：

● 边缘计算节点（Edge Computing Node，ECN）：由基础设施层、虚拟化层、边缘虚拟服务构成，提供总线协议适配、流式数据分析、时序数据库、安全等通用服务，并按需集成特定的行业化应用服务。

● 连接计算Fabric：一个虚拟化的连接和计算服务层，屏蔽异构ECN节点，提供资源发现和编排，支持ECN节点间数据和知识模型共享，支持业务负载动态调度和优化，支持分布式的决策和策略执行。

● 业务Fabric：模型化的工作流，由多种类型的功能服务按照一定逻辑关系组成和协作，支持定义工作流和工作负载、可视化呈现、语义检查和策略冲突检查、业务Fabric、服务等模型的版本管理等。

● 智能服务：开发服务框架通过集成开发平台和工具链集成边缘计算和垂直行业模型库，提供模型与应用的全生命周期服务；部署运营服务主要提供业务编排、应用部署和应用市场等三项核心服务。

● 管理服务：支持面向终端、网络、服务器、存储、数据、应用的隔离、安全、分布式架构的统一管理；支持面向工程、集成、部署、业务与数据迁移、集成测试、集成验证与验收等全生命周期管理。

● 数据全生命周期服务：提供数据预处理、数据分析、数据分发和策略执行、数据可视化和存储等服务。支持通过业务Fabric定义数据全生命周期的业务逻辑，满足业务实时性等要求。

● 安全服务：主要包括节点安全、网络安全、数据安全、应用安全、安全态势感知、身份和认证管理等服务，覆盖边缘计算架构的各个层级，并为不同层级按需提供不同的安全特性。

边缘计算通过与行业使用场景和相关应用相结合，依据不同行业的特点和需求，完成了从水平解决方案平台到垂直行业的落地，在不同行业构建了众多创新的垂直行业解决方案。目前，ECC 给出的核心场景主要面向物联网（Internet of Things，IoT），范例包括梯联网、智慧水务、智能楼宇、智慧照明等。

4.3.2　边缘计算核心技术

计算模型的创新带来的是技术的升级换代，而边缘计算的迅速发展也得益于技术的进步。本节总结了推动边缘计算发展的 7 项核心技术，它们包括网络、隔离技术、体系结构、边缘操作系统、算法执行框架、数据处理平台以及安全和隐私。

1．边缘数据计算的网络路径

边缘计算将计算推至靠近数据源的位置，甚至于将整个计算部署于从数据源到云计算中心的传输路径上的节点，这样的计算部署对现有的网络结构提出了 3 个新的要求：

● 服务发现：在边缘计算中，由于计算服务请求者的动态性，计算服务请求者如何知道周边的服务，将是边缘计算在网络层面中的一个核心问题。传统的基于 DNS 的服务发现机制，主要应对服务静态或者服务地址变化较慢的场景下。当服务变化时，DNS 的服务器通常需要一定的时间以完成域名服务的同步，在此期间会造成一定的网络抖动，因此并不适合大范围、动态性的边缘计算场景。

● 快速配置：在边缘计算中，由于用户和计算设备的动态性的增加，如智能网联车，以及计算设备由于用户开关造成的动态注册和撤销，服务通常也需要跟着进行迁移，而由此将会导致大量的突发网络流量。与云计算中心不同，广域网的网络情况更为复杂，带宽可能存在一定的限制。因此，如何从设备层支持服务的快速配置，是边缘计算中的一个核心问题。

- 负载均衡：在边缘计算中，边缘设备产生大量的数据，同时边缘服务器提供了大量的服务。因此，根据边缘服务器以及网络状况，如何动态地对这些数据进行调度至合适的计算服务提供者，将是边缘计算中的核心问题。

针对以上3个问题，一种最简单的方法是，在所有的中间节点上均部署所有的计算服务，然而这将导致大量的冗余，同时也对边缘计算设备提出了较高的要求。因此，我们以"建立一条从边缘到云的计算路径"为例来说，首当其冲面对的就是如何寻找服务，以完成计算路径的建立。命名数据网络（Named Data Networking，NDN）是一种将数据和服务进行命名和寻址，以P2P和中心化方式相结合进行自组织的一种数据网络。而计算链路的建立，在一定程度上也是数据的关联建立，即数据应该从源到云的传输关系。因此，将NDN引入边缘计算中，通过其建立计算服务的命名并关联数据的流动，从而可以很好地解决计算链路中服务发现的问题。

而随着边缘计算的兴起，尤其是用户移动的情况下，如车载网络，计算服务的迁移相较于基于云计算的模式更为频繁，与之同时也会引起大量的数据迁移，从而对网络层面提供了动态性的需求。软件定义网络（Software Defined Network，SDN）于2006年诞生于美国GENI项目资助的斯坦福大学Clean Slate课题，是一种控制面和数据面分离的可编程网络，以及简单网络管理。由于控制面和数据面分离这一特性，网络管理者可以较为快速地进行路由器、交换器的配置，减少网络抖动性，以支持快速的流量迁移，因此可以很好地支持计算服务和数据的迁移。同时，结合NDN和SDN，可以较好地对网络及其上的服务进行组织和管理，从而可以初步实现计算链路的建立和管理。

2．边缘数据计算的隔离

隔离技术是支撑边缘计算稳健发展的研究技术，边缘设备需要通过有效的隔离技术来保证服务的可靠性和服务质量。隔离技术需要考虑两方面：

- 计算资源的隔离，即应用程序间不能相互干扰。
- 数据的隔离，即不同应用程序应具有不同的访问权限。

在云计算场景下，由于某一应用程序的崩溃可能带来整个系统的不稳定，造成严重的后果，而在边缘计算下，这一情况变得更加复杂。例如在自动驾驶操作系统中，既需要支持车载娱乐满足用户需求，又需要同时运行自动驾驶任务满足汽车本身的驾驶需求。此时，如果车载娱乐的任务干扰了自动驾驶任务，或者影响了整个操作系统的性能，将会引起严重后果，可能会对生命财产安全造成直接损失。隔离技术同时需要考虑第三方程序对用户隐私数据的访问权限问题，例如，车载娱乐程序不应该被允许访问汽车控制总线数据等。目前，在云计算场景下主要使用 VM 虚拟机和 Docker 容器技术等方式保证资源隔离。边缘计算可汲取云计算发展的经验，研究适合边缘计算场景下的隔离技术。

在云平台上普遍应用的 Docker 技术可以实现应用在基于 0S 级虚拟化的隔离环境中运行，Docker 的存储驱动程序采用容器内分层镜像的结构，使得应用程序可以作为一个容器快速打包和发布，从而保证了应用程序间的隔离性。如图 4-4 所示，建立一个基于 Docker 迁移的有效服务切换系统，利用 Docker 的分层文件系统支持，提出了一种适合边缘计算的高效容器迁移策略，以减少包括文件系统、二进制内存映象、检查点在内的数据传输的开销。后来有人提出了一种 VM 切换技术，实现虚拟机 VM 的计算任务迁移，支持快速和透明的资源放置，保证将 VM 虚拟机封装在安全性和可管理性要求较高的应用中。这种多功能原语还提供了动态迁移的功能，对边缘端进行了优化。这种基于 VM 的隔离技术提高了应用程序的抗干扰性，增加了边缘计算系统的可用性。

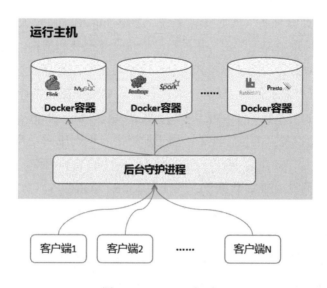

图 4-4　Docker 运行原理

3. 边缘数据计算的体系结构

无论是如高性能计算一类传统的计算场景，还是如边缘计算一类的新兴计算场景，未来的体系结构应该是通用处理器和异构计算硬件并存的模式。异构硬件牺牲了部分通用计算能力，使用专用加速单元减小了某一类或多类负载的执行时间，并且显著提高了性能功耗比。边缘计算平台通常针对某一类特定的计算场景设计，处理的负载类型较为固定，故目前有很多前沿工作针对特定的计算场景设计边缘计算平台的体系结构。

ShiDianNao（一种图像识别处理器）首次提出了将人工智能处理器放置在靠近图像传感器的位置，处理器直接从传感器读取数据，避免图像数据在DRAM（动态随机存取存储器）中的存取带来的能耗开销；同时通过共享卷积神经网络（Convolutional Neural Network，CNN）权值的方法，将模型完整放置在 SRAM（静态随机存取存储器）中，避免权值数据在 DRAM 中的存取带来的能耗开销；由于计算能效的大幅度提升（60 倍），使其可以被应用于移动端设备。EIE 是一个用于稀疏神经网络的高效推理引擎，其通过稀疏矩阵的并行化以及权值共享的方法加速稀疏神经网络在移动设备的执行能效。Phi-Stack（一种技术栈）则提出了针对边缘计算的一整套技术栈，其中针对物联网设备设计的 Phi-PU（一种处理单元），使用异构多核的结构并行处理深度的学习任务和普通的计算任务（实时操作系统）。In-Situ AI（原位人工智能）是一个用于物联网场景中深度学习应用的自动增量计算框架和架构，其通过数据诊断，选择最小数据移动的计算模式，将深度学习任务部署到物联网计算节点。除了专用计算硬件的设计，还有一类工作探索 FPGA 在边缘计算场景中的应用。ESE 通过 FPGA 提高了稀疏长短期记忆网络（Long-Short Term Memory，LSTM）在移动设备上的执行能效，用于加速语音识别应用。其通过负载平衡感知的方法对 LSTM 进行剪枝压缩，并保证硬件的高利用率，同时在多个硬件计算单元中调度 LSTM 数据流；其使用 Xilinx XCKU060 FPGA 进行硬件设计的实现，与 CPU 和 GPU 相比，其分别实现了 40 倍和 11.5 倍的能效提升。Biookaghazadeh 等人通过对比 FPGA 和 GPU 在运行特定负载时吞吐量敏感性、结构适应性和计算能效等指标，表明 FPGA 更加适合边缘计算场景。

针对边缘计算的计算系统结构设计仍然是一个新兴的领域，仍然具有很多挑战亟待解决，例如如何高效地管理边缘计算异构硬件、如何对这类系统的结构进行公平及全面的评测等。在第三届边缘计算会议（SEC 2018）上首次设立了针对边缘计算体系结构的 Workshop：ArchEdge，鼓励学术界和工业界对此领域进行探讨和交流。

4．边缘计算操作系统

边缘计算操作系统向下需要管理异构的计算资源，向上需要处理大量的异构数据以及多用的应用负载，其需要负责将复杂的计算任务在边缘计算节点上部署、调度及迁移，从而保证计算任务的可靠性以及资源的最大化利用。与传统的物联网设备上的实时操作系统 Contiki 和 FreeRTOS 不同，边缘计算操作系统更倾向于对数据、计算任务和计算资源的管理框架。

机器人操作系统（Robot Operating System，ROS）最开始被设计用于异构机器人机群的消息通信管理，现逐渐发展成一套开源的机器人开发及管理工具，提供硬件抽象和驱动、消息通信标准、软件包管理等一系列工具，被广泛应用于工业机器人、自动驾驶车辆即无人机等边缘计算场景。为解决 ROS 中的性能问题，社区在 2015 年推出 ROS 2.0，其核心为引入数据分发服务（Data Distribution Service，DDS），解决 ROS 对主节点（master node）的性能依赖问题，同时 DDS 提供共享内存机制提高节点间的通信效率。EdgeOSH 则是针对智能家居设计的边缘操作系统，其部署于家庭的边缘网关中，通过 3 层功能抽象连接上层应用和下层智能家居硬件，其提出面向多样的边缘计算任务，服务管理层应具有差异性（differentiation）、可扩展性（extensibility）、隔离性（isolation）和可靠性（reliability）的需求。Phi-Stack 中提出了面向智能家居设备的边缘操作系统 PhiOS，其引入轻量级的 REST 引擎和 LUA 解释器，帮助用户在家庭边缘设备上部署计算任务。OPenVDAP 是针对汽车场景设计的数据分析平台，其提出了面向网联车场景的边缘操作系统 EdgeOSv，该操作系统中提供了任务弹性管理、数据共享以及安全和隐私保护等功能。

根据目前的研究现状，ROS 以及基于 ROS 实现的操作系统有可能会成为边缘计算场景的典型操作系统，但其仍然需要经过在各种真实计算场景下部署评测和检验。

5．算法执行框架

随着人工智能的快速发展，边缘设备需要执行越来越多的智能算法任务，例如家庭语音助手需要进行自然语言理解，智能驾驶汽车需要对街道目标检测和识别，手持翻译设备需要翻译实时语音信息等。在这些任务中，机器学习尤其是深度学习算法占有很大的比重，使硬件设备更好地执行以深度学习算法为代表的智能任务是研究的焦点，也是实现边缘智能的必要条件。而设计面向边缘计算场景下的高效算法执行框架是一个重要的方法。目前有许多针对机器学习算法特性而设计的执行框架，例如谷歌于 2016 年发布的 TensorFlow、依赖开源社区力量发展的 Caffe 等，但是这些框架更多地运行在云数据中心，它们不能直接应用于边缘设备。如图 4-5 所示，云数据中心和边缘设备对算法执行框架的需求有较大的区别。在云数据中心，算法执行框架更多地执行模型训练的任务，它们输入的是大规模的批量数据集，关注的是训练时的迭代速度、收敛率和框架的可扩展性等。而边缘设备更多地执行预测任务，输入的是实时的小规模数据，由于边缘设备计算资源和存储资源的相对受限性，它们更关注算法执行框架预测时的速度、内存占用量和能效。

因素	云数据中心	边缘设备
输入	大规模、批量数据集	小规模、实时数据
任务	训练、预测	预测
关注项	迭代速度、收敛率、可扩展性	执行框架预测的速度、内存占用量、能效

图 4-5　云数据中心和边缘设备的算法执行框架比较

为了更好地支持边缘设备执行智能任务，一些专门针对边缘设备的算法执行框架应运而生。2017 年，谷歌发布了用于移动设备和嵌入式设备的轻量级解决方案 TensorFlow Lite，它通过优化移动应用程序的内核、预先激活和量化内核等方法来减少执行预测任务时的延迟和内存占有量。Caffe2 是 Caffe 的更高级版本，它是一个轻量级的执行框架，增加了对移动端的支持。此外，PyTorch 和 MXNet 等主流的机器学习算法执行框架也都开始提供在边缘设备上的部署方式。

Zhang Xingzhou 等人对 TensorFlow、Caffe2、MXNet、PyTorch 和 TensorFlow Lite 等在不同的边缘设备（MacBook Pro、Intel FogNode、NVIDIA Jetson TX2、Raspberry Pi 3 Model B+、Huawfi Nexus 6P）上的性能从延迟、内存占用量和能效等方面进行了对比和分析，最后发现没有一款框架能够在所有维度都

取得最好的表现，因此执行框架的性能提升空间比较大。开展针对轻量级的、高效的、可扩展性强的边缘设备算法执行框架的研究十分重要，也是实现边缘智能的重要步骤。

6．数据处理平台

边缘计算场景下，边缘设备时刻产生海量数据，数据的来源和类型具有多样化的特征，这些数据包括环境传感器采集的时间序列数据、摄像头采集的图片视频数据、车载 LiDAR 的点云数据等，数据大多具有时空属性。构建一个针对边缘数据进行管理、分析和共享的平台十分重要。

以智能网联车场景为例，车辆逐渐演变成一个移动的计算平台，越来越多的车载应用也被开发出来，车辆的各类数据也比较多。由 Zhang Xingzhou 等人提出的 OPenVDAP 是一个开放的汽车数据分析平台，如图 4-6 所示，Open VDAP 分成 4 部分，分别是异构计算平台（VCU）、边缘操作系统（EdgeOSv）、驾驶数据收集器（DDI）和应用程序库（libvdap），汽车可安装部署该平台，从而完成车载应用的计算，并且实现车与云、车与车、车与路边计算单元的通信，从而保证了车载应用的服务质量和用户体验。因此，在边缘计算不同的应用场景下，如何有效地管理数据、提供数据分析服务、保证一定的用户体验是一个重要的研究问题。

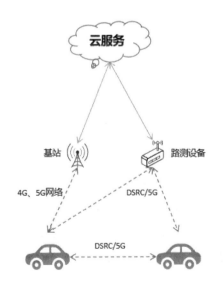

图 4-6　智能网联车场景

7. 数据安全和隐私

虽然边缘计算将计算推至靠近用户的地方，避免了数据上传到云端，降低了隐私数据泄露的可能性。但是，相较于云计算中心，边缘计算设备通常处于靠近用户侧，或者传输路径上，具有更高的潜在可能被攻击者入侵，因此，边缘计算节点自身的安全性仍然是一个不可忽略的问题。边缘计算节点的分布式和异构型也决定其难以进行统一的管理，从而导致一系列新的安全问题和隐私泄露等问题。作为信息系统的一种计算模式，边缘计算也存在信息系统普遍存在的共性安全问题，包括应用安全、网络安全、信息安全和系统安全等。

在边缘计算的环境下，通常仍然可以采用传统安全方案来进行防护，如通过基于密码学的方案来进行信息安全的保护、通过访问控制策略来对越权访问等进行防护，但是需要注意的是，通常需要对传统方案进行一定的修改，以适应边缘计算的环境。同时，近些年也有些新兴的安全技术（如硬件协助的可信执行环境、多方安全计算等）可以使用到边缘计算中，以增强边缘计算的安全性。此外，使用机器学习来增强系统的安全防护也是一个较好的方案。

可信执行环境（Trusted Execution Environmen，TEE）是指在设备上一个独立于不可信操作系统而存在的可信的、隔离的、独立的执行环境，为不可信环境中的隐私数据和敏感计算提供了安全而机密的空间，而 TEE 的安全性通常通过硬件相关的机制来保障。常见的 TEE 包括 Intel 软件防护扩展、Intel 管理引擎、x86 系统管理模式、AMD 内存加密技术、AMD 平台安全处理器和 ARM TrustZone 技术。通过将应用运行于可信执行环境中，并且将使用到的外部存储进行加解密，边缘计算节点的应用可以在边缘计算节点被攻破时，仍然可以保证应用及数据的安全性。

多方安全计算（MPC）是解决一组互不信任的参与方之间保护隐私的协同计算问题，MPC 要确保输入的独立性、计算的正确性，同时不向参与计算的其他成员泄露各输入值。主要是针对无可信第三方的情况下，如何安全地计算一个约定函数的问题，在边缘计算的节点，基于 MPC 可以保障边缘节点数据在不出域的前提下，通过敏感数据在边缘节点的本地计算，在 MPC 框架下实现与外部节点的信息交互，从而兼顾边缘节点的数据安全和对外的信息协同计算，具体如图 4-7 所示。

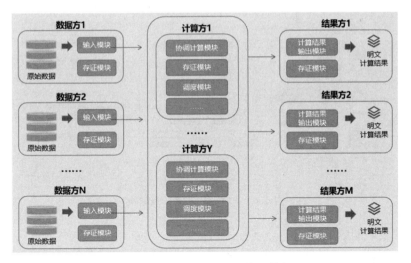

图 4-7　边缘节点的多方安全计算实现

4.4　边缘大数据技术应用场景

4.4.1　智慧园区边缘大数据应用

随着智慧城市、智慧园区的快速发展，带来了计算能力和信息处理的巨大变化。在 5G 应用的推进下，物联网、视频应用等发展进一步提高了数据处理分析的需求，边缘计算可以在园区前端数据源的位置提供计算、存储、网络服务，不仅可以快速实现本地化处理数据流量，降低对传输网络和云计算平台的带宽冲击，还能够提供高稳定、低试验的应用运行环境，有利于计算框架在终端和云计算平台之间的延展，是实现园区场景需求、算力分布和部署成本的最优方案，常见的智慧园区边缘计算部署架构如图 4-8 所示。

1．园区边缘计算智能应用场景

按现有的物联网技术方向，以及行业常见的边缘计算方案分析，除去边缘机房、边缘数据中心这类设备，最核心的边缘计算应用主要集中在物联网应用领域。如腾讯物联网边缘计算平台 IECP、阿里云边缘计算网关、边缘运算一体机、华为智能边缘平台 IEF 等。

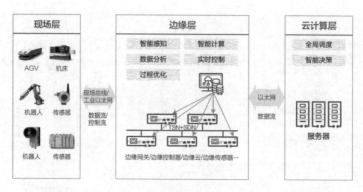

图4-8 智慧园区边缘计算架构

1）物联网应用

物联网边缘计算往往又分为两类应用：一类为 IoT 信息、信令转发，另一类为边缘智能分析类算力。

（1）转发平台及设备。

边缘信息、信令转发主要服务于物联设备等采集到的数据转发到云计算中心的服务，有多重构架模式。云平台厂商的常见做法为提供边缘节点模块化程序，该模块化程序可部署于边缘数据中心，或者边缘的 X86 工控物理机设备，但限于跟固有云平台的对接，灵活性较低，如 BATH 提供的边缘节点构架标准。另一种常见的物联网边缘设备集成支持第三方设备数据采集、转发功能，同时支持上层云平台自行对接开发应用。该类型设备常见的如视频监控联网、停车场联网、门禁联网等联网型物联系统的标准第三方物联网关设备。

（2）分析设备。

物联网边缘数据分析设备一般指在前端除数据转发外具有一定数据处理能力的设备，例如汽车自动驾驶的边缘分析设备，在园区应用中比较常见的如机房动环监控的自动处理设备、环境监测分析设备、消防自动化设备等，结合设备端的边缘探测能力，边缘端分析设备一般做数据汇聚、分析、联动处置，或上报信息后接收云计算平台的处理信息做联动处置。

2）视频应用

视频流量对带宽要求高，视频分析结果对实时性要求高，且对于园区视频分析算力性能需求高，因为把视频传输给云计算中心进行统一分析的模式成本高、效果差，所以视频应用相关的智能分析大都在边缘节点进行，如交通的违法抓拍、出入口违停、园区人员轨迹分析、园区人脸识别等。

对不同规模的应用场景，常配置不同算力的边缘计算设备，如阿里云边缘计算视频 AI 系列一体机产品。

2.园区边缘计算算力常见设备模型

随着园区边缘计算需求的不断增长，边缘计算设备也开始多模态化，从软硬件结合的形态可分为嵌入式设备和非嵌入式设备，从芯片底层构架的不同，也产生了不同种类的硬件种类，下面结合芯片和软硬件对现有的一些边缘算力设备进行探讨。

1）X86 构架 GPU 算力模型

（1）嵌入式 Linux 模式。

X86 构架嵌入式设备，常见于使用英伟达 TX2、Jetson Xavier NX 等 AI 芯片的中小型边缘设备，该类设备的特点为小型化、嵌入式系统、自带算法。优势在于适合恶劣环境，软硬件一体成本低，有较成熟的小型化应用；劣势在于小型化设备支撑算力不高，一般在 0.5 ～ 1Tflops 算力之间，因而不适合大规模运算使用。

（2）软硬件解耦模式。

软硬件解耦模式，主要应用部署于大型项目边缘数据中心，适合中大型园区边缘机房需要大规模算力部署分析的场景，一般采用常规 X86 服务器，配合 GPU 卡使用（单卡算力 8 ～ 20Tflops 不等）。优势在于支持多 GPU 卡，支持 GPU 服务器集群、虚拟化，按需分配算力给不同应用服务，采用第三方厂商的算法进行适配。

GPU 卡按市场及使用分类又分为民用级和专业计算卡两大类。民用 GPU 卡，即我们常用的 GPU 显卡，如英伟达最新的 RTX 3090、RTX3080、RTX2080Ti 等，价格在几千到上万不等。可用于民用行业的如视频监控分析、大数据分析等。专业计算卡，常用于政务、公安、银行等项目对 GPU 卡有准入要求的数据中心，算力比一般民用 GPU 显卡更高，不带显示接口，如英伟达 T4、P4、V100 等卡，价格是民用显卡的 4 倍以上。

2）ARM 构架芯片算力模型

小型应用 ARM 构架 AI 片主要常见于视频分析应用的海思芯片，比如瑞芯微的 RK3399 芯片、海思 HI3559A 系列，这类芯片主要应用于嵌入式前端设备或安装设备，如园区使用的智能分析摄像机、智能分析盒子、人脸识别门禁面板。

大型应用 ARM 构架主要如 ARM Cortex-M55 处理器和 ARM Ethos-U55 神经网络处理器（NPU），适用于服务器应用。

3）其他构架

（1）FPGA。

FPGA 具有低能耗、高性能以及可编程等特性，相对于 CPU 与 GPU 有明显的性能或者能耗优势，但对使用者要求高。FPGA 可同时进行数据并行和任务并行计算，在处理特定应用时有更加明显的效率提升。

由于 FPGA 的灵活性，很多使用通用处理器或 ASIC 难以实现的底层硬件控制操作技术，利用 FPGA 可以很方便地实现。这个特性为算法的功能实现和优化留出了更大空间。同时，FPGA 一次性成本（光刻掩模制作成本）远低于 ASIC，在芯片需求还未成规模、深度学习算法暂未稳定，需要不断迭代改进的情况下，利用 FPGA 芯片具备可重构的特性来实现半定制的人工智能芯片是最佳选择之一。目前主要玩家有微软、Altera 等公司，针对一些专用领域的 AI 应用。

（2）ASIC。

ASIC 可以更有针对性地进行硬件层次的优化，从而获得更好的性能、功耗比。ASIC 的性能提升非常明显。例如英伟达首款专门为深度学习从零开始设计的芯片 Tesla P100 数据处理速度是其 2014 年推出 GPU 系列的 12 倍。谷歌为机器学习定制的芯片 TPU 将硬件性能提升至相当于当前芯片按摩尔定律发展 7 年后的水平。正如 CPU 改变了当年体积庞大的计算机一样，人工智能 ASIC 芯片也将大幅改变如今 AI 硬件设备的面貌。因为平均性能强、功耗低等特点，ASIC 深受各大云厂商的喜爱（如谷歌的 TPU、华为的昇腾、阿里的含光等）。

在国内去 A 环境中，在政务等领域 ASIC 构架 AI 芯片的应用已越来越丰富。目前该类芯片在园区应用规定较少。基于智慧园区的各类应用场景，如物联网、安防、视频等应用的需求，以及对于现有计算芯片能力的发展前景，FPGA 及 ASIC 构架的特殊 AI 应用芯片在园区的应用相对较少。因此，在园区建设过程中，边缘计算可结合应用系统的需求选择一部分自带算力的智能分析设备（如 AI 摄像机等），规模较大的项目可选择建设边缘数据中心，在数据中心部署基于 X86 的通用算力的 GPU 服务器，并支持边缘算力的虚拟化。

4.4.2　平安城市边缘大数据应用

近年来，随着平安城市的高速发展，作为核心领域的视频监控经历了从"看得见"到"看得清"，再到"看得懂"的转变。面对海量视频数据和越来越高的实时性计算要求，5G 和边缘计算在平安城市有着广阔的应用发展前景。

1．平安城市视频监控需求的转变

第一阶段，"看得见"：视频成为最常见的事件证据形式。通常情况下，调取案发现场周遭的视频监控就能发现案件侦破的重要线索。监控探头密度越大、犯罪案件侦破率越高的思路推动监控摄像头的大规模部署。目前，全国基本实现了主要城市街区的无死角监控。大量案件的犯罪过程被完整、清晰地记录下来，成为指控犯罪、证明案件事实的最有力证据。

第二阶段，"看得清"：从 2016 年到 2018 年年初，"十三五"规划、十九大报告、公安部雪亮工程等不断强调提升安防视图资源共享协作及联网率、高清化建设。2019 年 3 月，中央多部委联合印发了《超高清视频产业发展行动计划（2019—2022 年）》，视频监控迎来超高清视频应用的蓝海。行动计划明确按照"4K 先行、兼顾 8K"的总体技术路线，大力推进超高清视频产业发展和相关领域的应用。

第三阶段，"看得懂"：在"看得见"到"看得清"之后，人工智能技术正在把安防系统从被动的记录、查看，逐渐转变为事前有预警、事中有处置、事后有分析。通过主动预警、及时处置、自动分析，从而实现从"看得清"到"看得懂"。从车牌识别到车辆数据结构化分析，从人脸检测到人脸比对，以及目标全结构化分析、行为事件的检测分析等，每一项新技术的落地，都象征着安防智能时代正在一步步变成现实。

2．平安城市边缘计算现状

5G 与安防行业具有天然的适应性。

5G 的正式投入使用将使得安防行业从此面向更广泛、更深入的应用领域。5G 技术的全国性商用也为安防行业带来了新的可能性。5G 应用中的 eMBB（增强移动宽带）、mMTC（海量大连接）、uRLLC（超可靠低时延）技术特征正好能够满足移动化的视频监控业务带宽和接入需求，如图 4-9 所示。

eMBB 能够为带宽要求极高的视频类业务提供技术支撑，解决视频监控随着高清化的演进而带来的带宽压力问题。结合 5G 技术，移动端可以非常流畅地享受到更高质量的沉浸式视频内容，并实现随时随地视频采集、分享、上传、面对面传输和移动视频控制，如移动指挥、移动视频侦查、移动巡逻执法等。

mMTC 则能满足连接密度要求高的业务需求，解决移动化的终端设备接入问题，并为智能安防云端决策中心提供更周全、更多维度的参考数据，有利于进一步地分析判断。

城市安防的物联网终端如防灾设施、水位监测；社区安防中的人脸闸机、车辆道闸、智能门禁、消防设施、垃圾储量感应、智能车棚、停车位感知；家庭中的智能家居终端，都可以通过 5G 技术实现统一联网，让社区治理与服务实现秒级通信。

图 4-9　5G 与安防行业

uRLLC 结合物联网、人工智能、云计算、大数据技术，在安防机器人方面已有较大的技术突破。已有研究机构研发出基于 5G+AI 能力的智能安防机器人，可以实现从智能感知采集到云端智能分析、处置指令发送，再到机器人控制和处置的流程。

3．平安城市边缘计算发展历程

平安城市的边缘计算技术应用发展分为如下三个阶段，早期边缘计算技术在安防行业的应用的主要两大特点是缓解流量压力和安全性更高，中期侧重各行业专用分析算法，最近几年，深度学习在人工神经网络优化方面获得突破，使得机器辅助成为可能，拓展了人工智能的应用领域。

各大芯片厂商开始纷纷推出人工智能算法的芯片，使得人工智能在边缘端的实现成为可能。各大安防厂商也相继推出基于边缘计算技术的人工智能设备，如人脸抓拍系列产品就是其中的典型。基于边缘计算技术，使其能够在行人通过的时候，就第一时间解析出人脸数据，并把人脸数据发到数据中心进行匹配处理。

常见平安城市的边缘计算系统架构如图 4-10 所示。从逻辑架构上，基于云边协同和边缘智能的安防系统架构从下至上分为前端感知、边缘计算、中心计算和应用端四个层面。

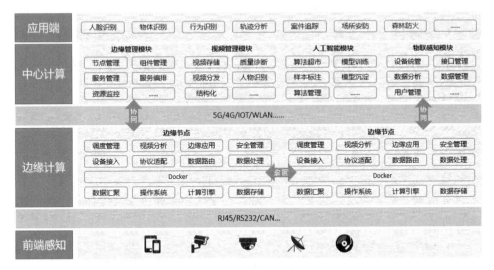

图 4-10　常见平安城市的边缘计算系统架构

前端感知层：整个系统的神经末梢，负责现场数据的采集。除摄像头外，系统的接入终端还包括各类传感器、控制器等物联网设备。

边缘计算层：汇总各个现场终端送来的非结构化视频数据和物联网数据并进行预处理，按既定规则触发动作响应，同时将处理结果及相关数据上传给云端。根据需要，边缘节点可实现一个或多个边缘应用的部署。

中心计算层：主要由边缘管理模块、视频管理模块、人工智能模块和物联感知模块组成，负责全局信息的处理和存储，承担边缘层无法执行的计算任务，并向边缘层下发业务规则和算法模型，以及为各类应用的开放对接提供标准的 API。

应用层：利用分析处理的结构化 / 半结构化数据，结合特定的业务需求和应用模型，为用户提供具体的垂直应用服务，如人脸识别、物体识别、入口管理、行为识别、车牌管理、案件侦破、森林防火、机场安保等场景。

4．平安城市边缘计算的两大特征

1）特征一：安防云边协同

智慧安防是云计算与边缘计算的融合，两者的协同应用会将安防行业大数据分析推向一个新的高度。第一，从业务需求方面来看，"云边协同"方式是安防智能化发展的必然趋势。能够充分发挥两种方案的各自优势，在缓解系统带宽压力、缩短处理时延和提高分析准确度方面都有很大的提升。

在整个系统中，边缘计算功能除了由前端设备本身的智能化来实现外，还可以借助承载网络的边缘计算功能来实现，也就是在靠近网络边缘的地方部署服务器，综合网络的资源使用情况、系统性能以及设备信息，尽可能在最靠近网络边缘的位置进行业务分流，或进行数据分析、处理，同样可以达到减少骨干网的传输压力，降低处理时延，提升用户体验的目的。

第二，从技术发展方面来看，边缘计算与云计算是安防行业数字化转型的两大重要计算技术，两者在网络、业务、应用、智能等方面的协同发展将有助于安防行业更大限度地实现数字化转型。云计算把握整体，适用于大规模、非实时业务的计算；边缘计算关注于局部，适用于小规模、实时性计算任务，能够更好地完成本地业务的实时处理。

2）特征二：安防边缘智能

边缘计算与人工智能互动融合的新模式称之为边缘智能，是指在靠近数据产生端的边缘侧，人工智能算法、技术、产品的应用。边缘智能旨在利用边缘计算低时延、邻近化、高带宽和位置认知等特性，通过人工智能技术为边缘侧赋能，使其具备业务和用户感知能力。

具体实现上主要包括两个方面：首先，边缘智能载体是具备一定计算能力的硬件设备，可实现不同智能功能，称之为边缘计算节点。边缘计算节点就近收集和存储智能前端的各类异构数据、就近管理和调度智能计算资源，满足不同场合对智能分析的即时响应、即时分析的需要，可以接收、整合、传递智能前端的结构化数据，也可以根据需要调配算力，应用不同的算法对当前分级内的数据进行智能分析，实现智能应用。其次，单个边缘计算节点可以将本级内智能前端以及边缘计算所需的存储资源以及计算资源进行统一管理，根据需求调度智能算法，结合边缘计算节点的智能分析能力，实现在本级内完成所有预定的智能功能；多个边缘计算节点可以根据需求组合，形成一个智能网络，在网络中对数据进行加工，交换数据，共享计算结果。

以人脸识别应用为例，人脸检测、抓拍乃至对比等人脸识别算法可以利用深度学习神经网络算法离线训练，训练完成后再进行算法精简，以此将AI能力注入前端摄像机等边缘设备，通过高性能计算芯片和图像识别智能算法赋能边缘设备，在边缘实现视频图像目标的检测、提取、建模、解析，把图像解析的大量计算压力均匀分担到小颗粒、大规模的边缘计算资源上，仅把精练的结构化有效数据上传至云端处理，可以有效降低视频流的传输与存储成本，分摊云中心的计算和存储压力，实现效率最大化。

在本地设备上直接完成智能图像识别，也实现了低延时和快响应，提高实时性。边缘计算与人工智能技术在公共安全领域的应用，能够有效提升公共安全管理的效率与水平，大幅降低人力、物力成本，对城市管理、民生改善具有巨大价值，市场前景广阔，且技术应用的基础条件已经成熟，边缘智能技术将得到进一步发展，边缘侧 AI 应用场景将进一步得到丰富。

5．平安城市边缘计算的应用价值

我国一个二线以上城市可能就有上百万个监控摄像头，面对海量视频数据，云计算中心服务器的计算能力有限。若能在边缘处对视频进行预处理，可大大降低对云中心的计算、存储和网络带宽需求。因此，视频监控是边缘计算技术应用较早的行业，体现在以下几个方面。

第一，数据的分布式收集存储。在边缘计算模型下，借助边缘服务器实现对政府、社会和个人等各类零散监控的整合，在边缘端进行一次预处理，对无价值的数据进行过滤，然后对视频数据进行短暂存储并自动分流，这一操作能有效减缓云端平台的存储压力。

第二，数据的加密传输与共享。在边缘计算模型下，公安机关可通过对边缘端的设计，使经过初步处理的视频数据得到一次加密，通过通信技术向指定的云端平台进行输送。这些视频数据中侦查信息的安全性得到充分保障，在传输过程中被窃取的可能性大大降低。

第三，数据的智能分析与协同。边缘端能实现对前端设备的自动化调整，在监控识别运动物体后，相邻监控能够在同一边缘管理器的控制下实现一定范围内的配合，进而做到监控视角的自动调整、对焦或轨迹追踪。同时，边缘端智能识别的突发性案件可以经有效识别后向侦查机关自动预警，使视频信息应用同步化，为侦查人员的介入争取宝贵时间。

第四，数据的规范有序运营。在边缘计算的框架下，也有利于视频数据的规范运转，从而能够形成有序的数据库资源。前端生成的视频数据，沿着边缘服务器利用通信技术向云端传输。云端可以对各边缘端、边缘端可以对各前端设备实现有序管理。

数据的爆炸式增长和数据价值的不断被挖掘，对数据计算的能力提出了更高的要求，以往同域场景下的分布式计算已经不能跟上计算需求的发展，而机械式地对集群进行扩建的方式，在实施层面和成本效益层面都有很明显的弊端，分布式协同计算的出现正好可以解决这些问题。分布式协同计算无须追求单一集群的能力上限，通过对跨域、跨集群计算资源的整合，实现多地域计算资源的高效应用，其核心思想类似于云计算中的资源动态分配，通过分布式协同计算框架，把计算任务拆分到不同地域、不同集群的服务器上进行协同计算，从而在高效利用计算资源的同时，实现大规模数据处理。

5.1　分布式协同计算简介

近年来，中国数字经济发展迅速，积累了大量极具价值的数据资源。但是算力设施发展与国际一流水平相比还有差距，算力水平目前难以满足数据量猛增带来的巨大计算需求，其中一个重要原因是承载算力的数据中心存在供需失衡。2022 年年初，国家发展改革委等部门联合印发文件，同意在京津冀、长三角、粤港澳大湾区、成渝、内蒙古、贵州、甘肃、宁夏启动建设国家算力枢纽节点，并规划了 10 个国家数据中心集群，至此，全国一体化大数据中心体系完成总体布局设计，"东数西算"工程正式全面启动。在"东数西算"背景下，大量从事数据存储、离线数据分析等高时延业务的数字经济企业均可通过购买西部地区数据中心云服务，实现异地计算存储资源调度，有效降低运营成本和增加额外盈利，推动绿色发展。

为应对大数据领域面临的挑战，更好地实现大数据场景下计算、存储向西部的高效转移，除了要充分发挥传统运营商优势，构建大带宽、低时延、智能化、安全高效的传输网络，需要结合业务发展，运用贴源计算、协同计算、存算分离、湖仓融合等新技术、新思路，积极推进大数据基础设施架构全面升级。

随着数据规模逐年增长，传统的物理集中式大数据平台难以承载持续增长的业务压力。为满足全网日益增长的业务需求，通过构建大数据分布式协同计算平台，将原有物理集中的计算架构升级为分布式多中心协同计算的处理架构，实现海量数据的分布式贴源处理，解决了业务集中承载难、优秀能力推广难等问题。以中国移动为例，其大数据平台在结合自身业务发展的前提下，为"东数西算"全面落地做好技术储备和初步验证，突破跨中心两级协同调度、智能调度、跨 DC（数据中心）高速传输、协同计算等多项技术难题，已完成大数据分布式协同计算平台 1.0 版本的研发，具备一点触发、多中心协同计算的能力。当前，中国移动分布式协同计算架构已在宁波、苏州、汕头、株洲、郑州五大区域节点完成平台部署，支撑位置洞察、内容洞察等应用创新，实现中国移动近三分之一的大数据算力分流。计划到 2023 年年底，建成包括贵阳、重庆、呼和浩特等西部节点在内的九大区域中心的大数据分布式协同计算平台，并接入中国移动全网数据，高效支撑大数据业务创新发展。

根据业内实践，数据分布式协同计算主要涵盖跨域数据管理、跨域协同计算、跨域安全保障等方面。

数据分布管理层面：构建数据分层管理体系，按层次、热度进行数据的统筹分布管理。明细数据实时就近接入区域中心，实现贴源处理，离线汇总数据向西部统一汇聚、计算，满足多场景数据的时效要求。

技术架构层面：一是构建统一元数据、统一开发调度能力，实现任务一点编排，多中心协同调度；二是构建协同计算引擎，实现基于执行计划的拆分、算子下推的跨域计算及分析；三是构建统一资源管控层，实现对多中心的分布式资源进行统一管控、统一开放能力；四是应用大数据存算分离、湖仓融合架构，实现多模态数据的一点接入，随处可见、随处可算。

安全管理层面：构建全方位、全流程数据安全管控体系，进一步强化跨中心数据流动一致性稽核能力，使其具备完备的敏感操作拦截、敏感日志审计、敏感数据加密等能力，确保全生命周期数据安全。

5.2 分布式协同计算架构

大数据云边协同系统以边缘计算架构为基础,在靠近数据的地方提供计算、存储等基础设施,实现逻辑管理与操作统一、物理部署分离的云边协同能力。

面向使用方提供一个逻辑集群、透明化物理计算与存储资源,支持流批混合计算与实时离线存储,提供协同的运维、任务调度、跨域模型管理,以及统一开发、统一用户管理与安全管理能力,支撑各类大数据应用。总体架构如图5-1所示。

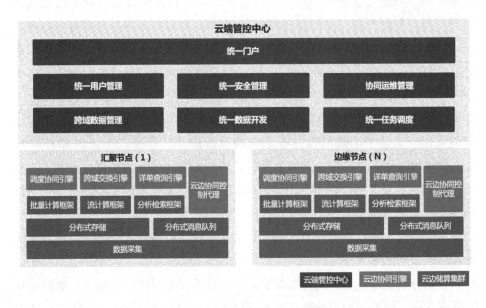

图 5-1　分布式协同计算总体架构

总体架构设计上分为云端管控中心与云边协同引擎两层。

- 云端管控中心。

提供统一用户入口、应用集成、集群部署、资源优化、运维与安全管理,实现统一用户的开通及权限分配。提供跨域数据模型的设计、开发、管理与协同调度能力,包括可视化开发、模型管理、统一作业调度、数据标准及数据质量等相关工具服务。

- 云边协同引擎。

云边协同引擎采用去中心式架构,使用节点标签的方式来定义节点类型,通过这种节点对等的架构，可以根据业务需求精巧地规划、汇聚边缘节点的位置，实现跨域集群的灵活管理。云边协同引擎包含调度协同引擎、跨域交换引擎、详单查询引擎与云边协同控制代理四个部分，具备优秀的可扩展能力，可灵活根据业务资源要求进行横向扩展。

5.3　分布式协同计算关键技术

5.3.1　数据跨域协同交换

基于跨域交换引擎，构建高可靠、高可用、分布式、低延迟的海量数据采集、聚合、传输中心。同时针对分布式协同计算系统跨中心超远距离传输的特殊场景，定制基于 UDP 的高速文件传输协议，提升数据中心之间的数据交换性能。

1．传输增强

大数据协同计算涵盖一个汇聚节点和多个边缘节点，各节点之间的数据传输交互具备很大的规模，整个系统对数据传输链路的要求必然会很高。根据协同计算系统储算集群的跨域分布特点，需支持大批量数据跨集群传输，因而，需要设计新的技术手段来拓展各节点间数据传输的能力，增强数据传输的峰值效能和整体效能，为协同计算系统平稳、可靠的运行提供支撑。

1）有限端口打通

支持各类大数据组件端口传输，也可以灵活指定来满足网络安全的限制要求，当节点间只能提供有限端口互联时，也能够满足数据传输的要求。

2）单通道限速

基于令牌桶算法，如图 5-2 所示，实现数据传输限流能力，对数据传输过程实现平滑限流，防止非预期的流量激增，导致下游系统或跨域网络带宽压力过大而引起系统故障。以恒定频率往桶里加入 Token，如果桶已经满了就不再增加。当新请求来临时，会各自拿走一个 Token，如果没有 Token 可拿，就阻塞或者拒绝服务。基于令牌桶算法实现的限流组件，通过配置每秒流速和限流策略（阻塞、丢弃），提供平滑突发限流（Smooth Bursty）和平滑预热限流（Smooth Warming Up），实现对指定的通道进行速率的限制，对不同的通道给定不同的速度限制。

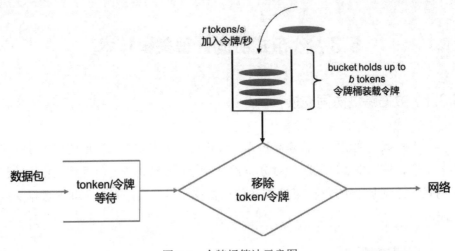

图 5-2　令牌桶算法示意图

3）双通道传输

提供指令、数据多通道并行的数据传输方式，以多通道传输来提升数据传输能力，确保数据传输的效率，为大数据云边协同系统海量数据的传输提供保障。对大数据量的传输过程，支持采用指令和数据多通道并行传输，数据量小时可以不采用多通道的方式传输，系统可以进行设定和自适应。

4）网络增强技术

传统大数据相关技术的传输方式，随着网络带宽时延积（BDP）的增加，通常的 TCP 协议开始变得低效，这是因为 TCP 的 AIMD（Additive Increase Multiplicative Decrease）算法完全减少了 TCP 拥塞窗口，但不能快速地恢复可用带宽。为此，补充基于 UDP 的文件传输协议，用于增强跨域数据交换能力，提供稳定、高性能的文件传输保障，如图 5-3 所示。

定制基于 UDP 的文件传输协议，通过 TCP 与 UDP 双通道构建，其中 UDP 协议用于数据传输通道，TCP 协议用于控制面管控。协议将文件切割成多个数据块进行传输，并在对端完成数据包的组合并生成文件。传输协议交互流程如图 5-4 所示。

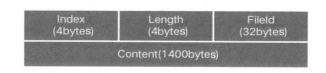

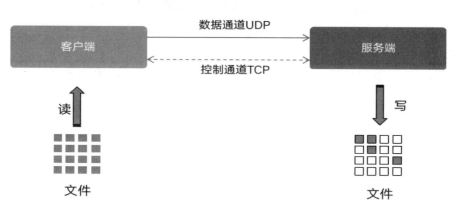

图 5-3 UDP 传输控制

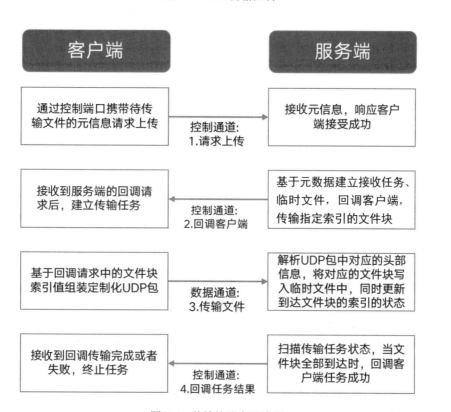

图 5-4 传输协议交互流程

TCP 在传输距离增加的情况下受制于协议丢包算法，标准 TCP 协议栈主要依靠 ACK 持续重复确认包和超时来判断丢包，当有较多丢包时，往往要靠 ACK 超时来判读超时并引发重传。现代网络的丢包经常阵发，一个连接上有多个数据包同时丢失是常有的事。因此标准 TCP 经常要靠超时来重传补洞，往往导致出现几秒甚至上十秒的等待状态，让传输长时间停滞甚至中断。这是影响标准 TCP 效率的主要问题之一。

基于 UDP 定制的文件传输协议，放弃 TCP 协议，把传输报文序列既用来作为传输的字节计数又作为可靠传输的确认标识的做法，设计了全新的 ACK 数据算法。传输发送方根据传输接收方返回的 ACK 信息，传输发送方可以第一时间精确判断出丢包情况并进行数据重发，而不用依赖多个 ACK 的累计确认或 ACK 超时定时器来触发数据重发，极大地提升了传输速度和传输实时性，从而保障 UDP 稳定速率的数据传输。

5）数据灵活压缩

在数据传输时，支持多种数据压缩方式和主流压缩技术，通过提供灵活的数据压缩能力，从而减少网络传输压力。在传输协议层面对传输数据包进行压缩传输，对传输文件进行压缩后再进行数据传输，同时支持 snappy、zlib、bzip 等多种主流文件压缩算法。

2. 交换传输安全加密

1）通道加密

数据通道的加密措施有以下三种。

- 数据加密：数据在传输过程中很容易被抓包，因此使用 https/sftp 等类似的加密传输协议，在数据协议和 TCP/UDP 之间添加一层加密层，这一层负责数据的加密和解密。

- 数据加签：数据加签就是由发送方和接收方互相约定好，生成一段无法伪造的签名串，通过接收方对签名串的验证，从而验证数据在传输过程中是否被篡改。

- 时间戳机制：使用时间戳机制，在每次请求中加入当前时间，服务器端会用当前时间和消息中的时间相减，看看是否在一个固定的时间范围内，比如 5 分钟内，这样，恶意请求的数据包便无法更改里面的时间，因此将 5 分钟后的请求就视为非法请求。

对于上面三种方案,可以选择某一种或多种组合来实现数据通道的安全保障。

2)文件加密

文件加密,即文件传输过程中不能被别人查看或篡改。当前的主流实现主要是两种方案。

- 对称加密:发送端通过对文件进行加密,文件传递过去后,接收端通过解密获取文件内容,加解密方共用一个相同的密钥。对应算法如 AES、DES 等都是对称算法,该算法加解密效率较高,但密钥传输的安全性需要其他方式保障。

- 非对称加密:非对称算法具有两个密钥,一个是公钥,一个是私钥。用公钥加密的文件只能用私钥解密,而私钥加密的文件只能用公钥解密。公钥顾名思义是公开的,所有的人都可以得到它;私钥顾名思义是私有的,不应被其他人得到,具有唯一性。因此,我们可以通过将接收端(B)的公钥发送给发送端(A),对文件加密,然后 A 直接将文件发送给 B,B 通过自己的私钥解密查看。对应算法如 RSA 等都是非对称算法,该算法加解密效率较低,但密钥分发更为安全。

在实际生产中,针对具体场景结合两种方式来确认实现机制。

3)字段加密

字段加密是基于性能和安全考虑的一个折中方案,在传输前或传输中对指定字段(如手机号、用户姓名)进行加密,既保障了关键数据的脱敏,又提高了数据传输性能。具体字段的加密实现可以参考文件加密的算法,其原理是一致的,只不过缩小了加密范围。

3.传输异常保障

1)批处理传输保障

批处理传输技术下,由于数据形态存在边界,保障机制主要围绕文件校验展开,具体如图 5-5 所示。

图中所示的是如何对一个常见数据交换的完整过程进行异常保障:

(1)先基于切分策略(主要考虑网络、大小、负载等因素)将数据从数据源导出。

(2)生成导出数据文件的校验文件(如文件名、文件大小、md5 验证码、文件生成时间、文件个数等)。

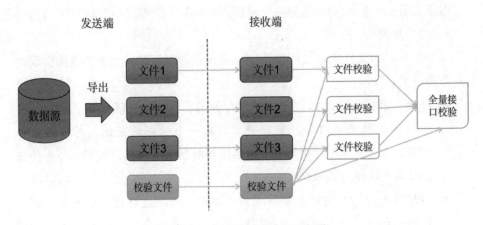

发送端　　　　　　　　　　接收端

图 5-5　批处理传输技术示意图

（3）将生成的数据文件和校验文件发送给接收端。

（4）接收端接收文件后对每个文件进行校验，如果不成功，则重新获取数据文件。

（5）待所有文件验证通过后进行全量文件个数的验证，如发现漏传的文件可重新获取数据文件，再重复（4）、（5）步骤直至全部完成。

2）实时处理传输保障

由于实时数据在生成形态上为无边界数据（Unbounded Data），数据的处理过程是连续的，导致无法像批处理的验证方式来实现对整个传输集合的校验，业界的主流做法是将无边界数据进行细粒度的切分（如 30s ～ 5min），从而实现对微批数据进行实时校验来保障数据一致性。

实时交换能力通过 Flink 进行封装构建，依托 Flink 内部、检查点机制（如图 5-6 所示）和轻量级分布式快照算法 ABS 保证 Exactly Once，在保证自身事务一致性的基础上，通过实现 Flink 提供的外部事务接口（两段式提交接口）用于实现外部事务一致性控制，当前的实时交换实现了主流大数据组件的事务一致性接口能力，如 Kafka、hdfs、ftp、sftp、rdbms 等。

各个组件对两段式提交接口的实现方式如下：

● Kafka：通过Kafka的事务接口支持，Flink预先提交数据到Kafka，检查点成功时，再提交Kafka事务（需要Kafka 0.11及其以上版本）。

● hdfs/ftp/sftp：通过引入中间状态（in-progress及pending）和最终可用状态（finished）来实现，预提交时写入中间状态文件，正式提交时变更为最终可用状态。当故障发生时，对处于中间状态的数据进行回滚或者重新提交，以保证数据的有效性。（hdfs方面需要Hadoop 2.7及其以上版本）。

- 关系数据库：事务控制与关系型数据库事务对等，通过数据库事务控制begin commit实现。

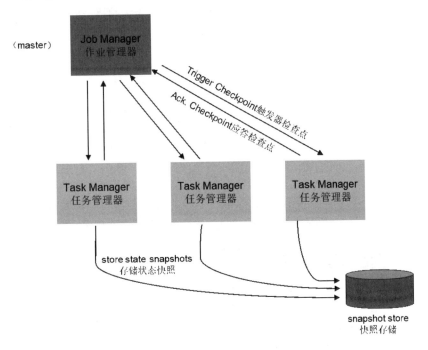

图 5-6 检查点机制示意图

通过 Flink 的两段式提交接口实现了实时跨域传输的一致性、完整性和有效性。

实时任务的延时保障通过对 flink 内置的背压（Back Pressure）指标的监控来判断传输任务是否延迟。断点续传通过 flink on yarn 的方式实现，当任务传输出现异常，任务会触发重启，从最近一次检查点恢复任务的重新传输。

5.3.2 分布式任务编排调度

储算集群分布在不同的端和中心，秉承逻辑集中、物理分散、提高计算效率的原则，支持跨集群关联计算场景以及云端统一下发任务到边缘端，由各边缘端执行后进行汇总统计的场景。由于传统的任务调度系统只支持单个中心进行调度编排，无法通过一套编排流程实现跨域、跨中心关联计算以及通过一套流程进行统一编排、多点执行，因此需要构建一套跨资源池的协同调度能力，保障在云端管控中心进行统一编排并下发任务到各个边缘节点执行，并能够实时监控云边任务运行状态，提高整体运维效率。如何通过一套编排流程实现跨域计算和跨域协同调度是分布式协同计算的重点。

为了有针对性地解决以上协同调度难点，构建云边协同两级调度方案，包含两级任务调度和两级算子调度。

协同调度引擎总体架构和数据流示意图如图5-7所示。

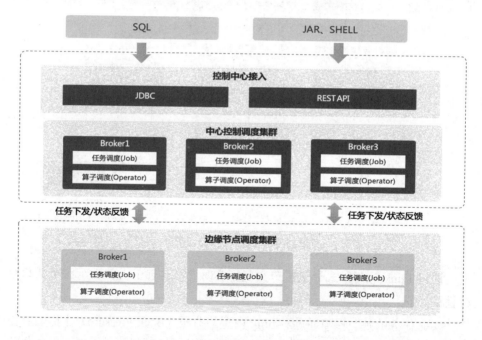

图 5-7　协同调度总体架构

图中任务调度通过 REST API 接入，支持外部 JAR、SHELL 等脚本任务；算子调度 SQL 任务，通过 JDBC 接入，算子 Operator 拆分成 Task；通过消息队列来实现云边协同的任务下发和执行状态反馈，保障两级任务状态的一致性。

1．跨资源池调度

协同计算的储算集群分布在不同的端，每个端都是一个独立的资源池。调度任务需要从汇聚节点分发到边缘节点（端的资源池），从而实现跨资源池调度执行。

1）跨资源池关联计算

针对跨资源池关联计算场景，利用云边协同任务调度和算子调度能力实现跨资源池关联计算，协同调度数据流如图 5-8 所示。

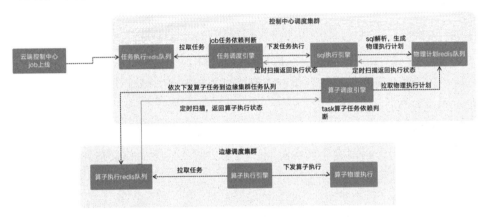

图 5-8　跨资源池关联计算协同调度数据流

（1）云端控制中心完成跨资源池关联计算 job 编排发布上线，任务初始化至控制中心调度集群执行 redis 队列中。

（2）sql 执行引擎接收到任务，进行 sql 解析，生成物理执行计划并插入物理执行 redis 队列。

（3）控制中心算子调度引擎实时从物理执行 redis 队列拉取物理执行计划，并对 task 算子任务进行依赖判断。

（4）边缘调度集群算子执行引擎实时从算子执行 redis 队列中拉取算子任务，并下发算子任务进行物理执行。

（5）控制中心任务调度引擎定时 sql 执行，引擎扫描 sql 执行状态。

2）跨资源池非关联计算

针对跨资源池非关联计算场景，提供按资源池 1∶1 和 1∶N 模板实例化能力，快速发布任务到边缘节点，实现云边跨资源池协同。协同调度数据流如图 5-9 所示。

图 5-9 跨资源池非关联计算协同调度数据流

（1）云端配置逻辑模板任务上线发布，按照比例实例化任务信息到边缘端。

（2）边缘调度集群任务执行引擎通过依赖判断，满足条件后对运行下发的任务进行执行。

（3）控制中心调度集群实时同步边缘节点依赖的中心任务状态到边缘节点。

（4）控制中心调度集群实时同步边缘实例化任务执行状态到中心，条件满足后，触发后续中心任务执行。

2．分级协同调度

1）任务分级协同调度

通过两级任务调度方式，实现云端管控中心下发任务到边缘节点调度执行，并返回任务执行状态给云端管控中心，汇聚节点根据任务执行状态按序执行中心汇聚节点后续任务，两级任务调度数据流如图 5-10 所示。

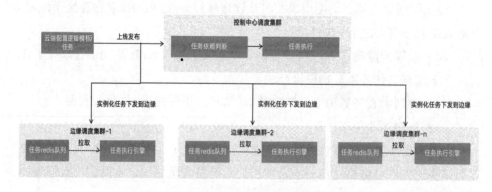

图 5-10 两级任务调度数据流

任务两级调度数据流描述如下：

（1）在云端控制中心，配置好逻辑模板任务，并进行上线发布，再按照比例进行任务的实例化，最后将任务信息传到边缘端。

（2）在边缘调度集群，通过对任务依赖的判断，任务执行引擎对满足条件的下发任务进行执行。

（3）控制中心调度集群，实时同步中心任务状态到边缘集群进行依赖判断。

（4）控制中心调度集群，将边缘实例化任务的执行状态实时同步到中心，在满足条件后，进而触发中心后续的任务执行。

2）算子两级协同调度

通过统一 SQL 语句完成跨域关联计算，JDBC 接入 SQL 语句时，云边计算由协同调度引擎统一托管，实现透明的两级调度能力。

算子两级调度数据流如图 5-11 所示。

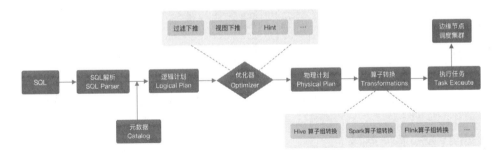

图 5-11　算子两级调度数据流

算子两级调度数据流描述如下：

（1）云端 SQL 接入，通过云端控制中心协同引擎中的 SQL 引擎完成解析。

（2）在云端生成逻辑执行计划，通过优化器完成物理计划拆分。

（3）物理计划拆分后，完成算子转化，比如 Hive 算子转化、Spark 算子转化、Flink 算子转化等。

（4）云端控制中心转化后的算子下发到边缘端，边缘端接收云端算子任务，物理执行算子任务。

5.3.3　节点分区可用性保障

分布式协同调度架构为中心统一管控，边缘执行物理任务，云边通过消息队列进行状态传递。当跨域网络闪断时，如何让每个边缘分区任务在运行阶段都不受影响，保障边缘任务正常运行，并且等网络正常后，状态的通信能自动恢复也是建设中的一个重点。

通过对边缘分区之间在物理上完全相互隔离，单个边缘分区的异常完全不影响其他边缘分区和中心之间的交互，边缘分区在运行阶段不需要跟管控中心通信，中心与边缘之间采用异步方式定时更新任务状态。边缘分区可用性保障部署架构和数据流向如图 5-12 所示。

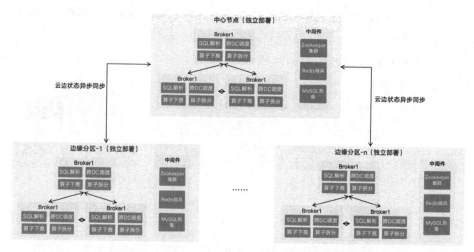

图 5-12　边缘分区可用性保障部署架构和数据流向

5.3.4　异常任务按需重做

大数据分布式协同计算要基于标准 SQL 语法构建协同计算引擎，实现对多集群和主流 Hadoop 存储组件（HDFS、Hive、Kafka、HBase）的统一管控和跨域跨库的数据查询分析。结合统一的 Catalog 实现两级的算组与算子的调度，完成边缘、中心节点的任务协同，同时扩展传输算子实现两级数据互通。因而算子异常自动恢复、算子级任务断点续跑成为该系统建设的难点。

目前主流的分布式调度系统任务异常恢复，主要通过调度配置自动重做次数和异常任务自动接管两种机制保障任务运行成功。但整个任务在多个集群间通过 DCI 网络实现协同计算、交换的场景下，因某个边缘算子异常，引起整个任务重做。算子的重复计算以及汇聚节点和边缘节点的重复传输能力，将是系统高效、稳定运行的一个重要保障因素。

通过基于元数据确定 SQL 涉及的数据源类型及数据中心，完成算子的解析映射和跨域执行计划拆分。依据拆分后的计划所属地域进行跨域算子下推，达到计算本地化的优化效果。从两个层级保障任务运行的高可用：

● 一个层级执行算子异常捕获，自动重做，保障算子可执行。智能捕获异常包括网络抖动、中断。恢复手段包括断点续传、Hive 连接超时自动重连等。

● 另一个层级在执行作业层面，支持任务断点续跑。根据执行计算生成的任务，记录失败任务算子；重跑的时候通过指定异常算子步骤，避免前序算子作业重跑，缩短执行时间。主要手段包括临时表自动清理、指定某一边缘节点执行计划重做等。

5.3.5 协同控制代理

协同控制代理主要实现边缘组件代理、边缘日志上传、元数据采集，并接收中心控制面的指令通信。

1. 边缘组件代理

需要接入的算网储算集群，基于 Servicebroker 协议实现储算机器组件的接入，对于需要纳入管理的组件，需要在边缘节点部署边缘组件代理。

Servicebroker 实现了对服务生命周期的抽象，包括了七个原语。

（1）服务目录（Catalog）：提供对服务内容的描述信息。

（2）服务实例创建（Provisioning）：创建服务实例。

（3）服务实例更新（Updating）：更新服务实例。

（4）获取服务实例状态（Polling last operation）：查询服务实例状态及操作进度。

（5）服务实例绑定（Binding）：将服务实例与应用进行绑定，使应用可以使用该服务实例。

（6）服务实例解绑（Unbinding）：解除服务实例与应用的绑定关系。

（7）服务实例销毁（Deprovisioning）：删除服务实例。

2. 边缘日志上传

在边缘端部署日志采集组件，采集边缘储算集群组件的日志，并对日志进行解析处理，在边缘端保存的处理日志存储在 ElasticSearch 中，并把日志上传至汇聚节点的协同运维日志管理模块，实现日志的统一存储。

日志采集需求如下：

● 首先定义采集配置的名称，该配置支持新建、修改、删除。

● 使用Kafka来传递集群组件的日志，需填写kafka broker的列表，在文本框中提示用户填写（类似10.1.236.22:9999）。有新增kafka broker的功能。

● 如果集群开启了kerberos认证，那么还需要填写Jaas Config。

● 日志解析方式。需要填写正则表达式，当正则匹配时，写入 ElasticSearch，匹配不上则丢弃。

● 必需的字段有集群名称、应用/组件名称、日志时间、日志级别、日志内容。除了以上必需字段之外，用户还可以自定义添加/删除其他自定义的字段。

● 补充说明：日志的级别是warning/error/fatal，日志时间戳标准格式 2018-07-17 07:07:36,336，不能出现如17 Jul 2018 07:07:36,336 或者18/7/17 07:07:36,336等其他格式。

3. 元数据采集

边缘端的元数据采集代理，采集边缘节点的元数据，并对元数据进行解析处理，在边缘端保存解析的元数据，并把元数据上传至汇聚节点的跨域数据管理模块，实现元数据的统一存储。

在边缘节点部署元数据采集代理，将采集代理部署后，通过程序生成数据文件，只给采集代理开放系统表只读权限，数据库账号、密码只存在于采集代理端的配置文件中；能够监控采集代理采集过程，对于异常问题能够及时进行告警。

数据库采集：通过对接生产数据库，从数据库系统表中直接抽取数据字典信息；支持 Hive、HBase 等异构数据库；能够监控数据库采集过程，对于异常问题能够及时进行告警。

5.4　分布式协同计算应用场景

5.4.1　协同计算在智慧交通场景中的应用

1．智慧交通发展中的痛点

　　城市交通系统是一个复杂而巨大的系统，如何提高整个交通系统效率、提升居民出行品质，是智慧交通最重要的关注点和挑战。在传统模式中，创新技术如何从实验室中落地到实际的交通应用中，各种传感器和终端设备标准如何统一规范，信息如何共享，大量生成数据如何及时进行处理等，已经成为制约智慧交通发展的瓶颈。

2．智慧交通借助云边协同向车路协同发展

　　车路协同是智慧交通的重要发展方向。车路协同系统是采用先进的无线通信和新一代互联网等技术，全方位实施车车、车路动态实时信息交互，并在全时空动态交通信息采集与融合的基础上开展车辆主动安全控制和道路协同管理，充分实现人车路的有效协同，保证交通安全，提高通行效率，从而形成的安全、高效和环保的道路交通系统。据公安部统计，截至 2018 年年底，我国汽车保有量已突破 2.4 亿辆，汽车驾驶人达到 3.69 亿人。可以预见，车路协同在我国有巨大的市场空间，这为智慧交通在我国的发展和落地提供了得天独厚的"试验场"。过去各方对于智慧交通的关注点主要集中在车端，例如自动驾驶，研发投入也主要在车的智能化上，这对于车的感知能力和计算能力提出了很高的要求，导致智能汽车的成本居高不下。另一方面，在当前的技术条件下，自动驾驶车辆在传统道路环境中的表现仍然不尽如人意。国内外各大厂商逐渐意识到，路侧智能对于实现智慧交通是不可或缺的，因此最近两年纷纷投入路侧的智能化，目标是实现人、车、路之间高效的互联互通和信息共享。

　　在实际应用中，边缘计算可以与云计算配合进行协同计算，将大部分的计算负载整合到道路边缘层，并且利用 5G、LTE-V 等通信手段与车辆进行实时的信息交互。未来的道路边缘节点还将集成局部地图系统、交通信号信息、附近移动目标信息和多种传感器接口，为车辆提供协同决策、事故预警、辅助驾驶等多种服务。与此同时，汽车本身也将成为边缘计算节点，与云边协同相配合，

为车辆提供控制和其他增值服务。汽车将集成激光雷达、摄像头等感应装置，并将采集到的数据与道路边缘节点和周边车辆进行交互，从而扩展感知能力，实现车与车、车与路的协同。云计算中心则负责收集来自分布广泛的边缘节点的数据，感知交通系统的运行状况，并通过大数据和人工智能算法，为边缘节点、交通信号系统和车辆下发合理的调度指令，从而提高交通系统的运行效率，最大限度地减少道路拥堵。如图 5-13 所示为云边协同与车路协同参考框架。

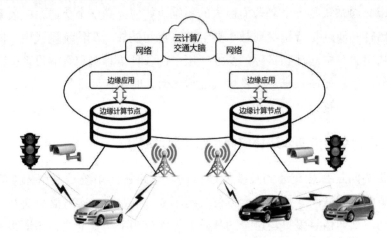

图 5-13　云边协同与车路协同参考框架

5.4.2　协同计算在智能家庭场景中的应用

1．智能化信息服务逐步进家入户

随着信息化技术的逐步发展、网络技术的日益完善、可应用网络载体的日益丰富和大带宽室内网络入户战略的逐步推广，智能化信息服务进家入户成为可能。智慧家庭综合利用互联网技术、计算机技术、遥感控制技术等，有效结合家庭局域网络、家庭设备控制、家庭成员信息交流等家庭生活信息，创造出舒适、便捷、安全、高效的现代化家居生活。

2．云边协同赋予智能家庭新内涵

在家庭智能化信息服务进家入户的今天，各种异构的家用设备如何简单地接入智能家庭网络，用户如何便捷地使用智能家庭中的各项功能，成为关注的焦点。

在智能家庭场景中，边缘计算节点（家庭网关、智能终端）具备各种异构接口，包括网线、电力线、同轴电缆、Wi-Fi 等，同时还可以对大量异构数据进行处理，再将处理后的数据统一上传到云平台。用户不仅可以通过网络连接边缘计算节点，对家庭终端进行控制，还可以通过访问云端，对历史数据进行访问。同时，智能家庭云边协同基于虚拟化技术的云服务基础设施，以多样化的家庭终端为载体，通过整合已有的业务系统，利用边缘计算节点将包括家用电器、照明控制、多媒体终端、计算机等家庭终端组成家庭局域网，边缘计算节点再通过互联网（5G 时代还会通过 5G 移动网络）与广域网相连，继而与云端进行数据交互，从而实现电器控制、安全保护、视频监控、定时控制、环境检测、场景控制、可视对讲等功能。

未来，智能家庭场景中云边协同将会越来越得到产业链各方的重视，电信运营商、家电制造商、智能终端制造商等都会在相应的领域进行探索。在不远的将来，家庭智能化信息服务业不仅仅限于对于家用设备的控制，家庭能源、家庭医疗、家庭安防、家庭教育等产业也将与家庭智能化应用紧密结合，成为智能家庭大家族中的一员，如图 5-14 所示。

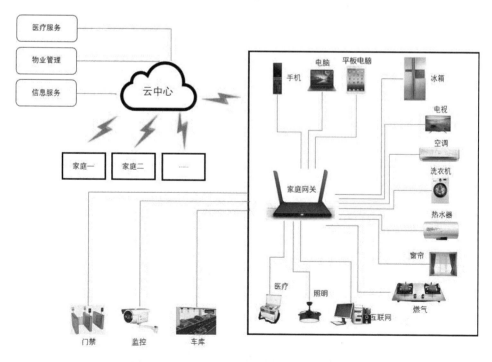

图 5-14　协同计算在智慧家庭信息化中的应用

第6章 数据编织

随着国家"东数西算"工程正式全面启动，算力以及算力网络建设也成为社会各界热议的话题。算力网络将依托高速、移动、安全、泛在的网络连接，整合网、云、数、智、边、端、链等多层次算力资源，结合 AI、区块链、云、大数据、边缘计算等各类新兴的数字技术，提供数据感知、传输、存储、运算等一体化服务的新型信息基础设施。

算力网络将带来海量的数据处理需求，边缘数据中心、云计算数据中心等分布在不同的地方，当需要对产生的数据进行数据采集、数据处理、数据分析和人工智能等服务时，数据源多、数据规模大、数据具有异构异质的特点，汇聚数据计算实时响应能力不足，为满足各种数据需求，如何进行数据就近存储、就近计算、就近处理,就显得越来越重要且具有挑战性。这对目前的大数据采集、处理、加工、分析及挖掘的各个阶段提出了巨大的挑战，并导致相关技术的升级改造。

本章主要包括数据编织技术的介绍、数据编织的技术实现以及数据编织的应用场景三个部分。

6.1 数据编织技术

本节从数据编织的起源、定义、能力及其架构几个方面来介绍一下数据编织。

6.1.1 数据编织的起源

数据编织（Data Fabric）在 2000 年被首次提出，Forrester 开始撰写更通用的 Data Fabric 解决方案，2016 年，Forrester 在 Forrester Wave 中增加了 Big Data Fabric 类别，2019 年，开始入选 Gartner 各年度的技术趋势，2020 年出现在新兴技术成熟度曲线以及数据管理成熟度曲线中（并从创新萌芽期发展到了 2021 年的过高期望的峰值），Gartner 公布的 2022 年顶级战略技术趋势中，Date Fabric 入选工程信任主题的关键技术趋势。

随着数字化的推进，Data Fabric 作为一种全新的、囊括所有形式的数据架构，被越来越多的企业用于解决数据资产多样性、分散性、规模和复杂性不断增加带来的一系列问题。Data Fabric 被视为应对始终存在的数据管理挑战——如高成本和低价值的数据集成周期、频繁运维带来的不断攀升的运维成本、不断增长的实时数据需求、事件驱动的数据共享等——的强大解决方案。其用于任何数据类型的分析，并为所有的数据使用者提供无缝的访问和共享。K2View 认为 Data Fabric 是提升数据素养必备的数据能力之一，Gartner 甚至认为"Data Fabric 是数据管理的未来"。

6.1.2 数据编织的定义

1．核心概念

如果要理解 Data Fabric 的概念，核心是要先理解什么是 Fabric。Fabric 是一种架构方法，该方法在各个节点之间提供完整的点对点连接，这些节点可以是数据源、存储、内部／外部应用程序、用户等任何访问数据或与数据相关的信息。如图 6-1 所示，Data Fabric 将现有的数据管理系统和应用程序编织在一起，提供可重用的服务，涵盖数据集成、访问、转换、建模、可视化、治理和交付。为了在所有这些不同的服务之间提供连接，Data Fabric 包括了连接到数据生态系统工具的连接器。

2．业界定义

针对 Data Fabric 的定义，Forrester、Gartner 以及数据解决方案 TOP 厂商等都给出了自己的定义和理解。

1）Forrester

Forrester 提出了 Big Data Fabric 的概念，其建立在大数据分析、云计算以及 Data Fabric 等新技术之上，使用数据湖、Hadoop 和 Apache Spark 等大数据技术自动、智能、安全地汇集不同的大数据源，并在大数据平台技术中进行处理，以提供统一、可信、全面的客户和业务数据视图。其目的不仅仅是管理数据，更是为了从数据中提取有价值的信息，并将其转化成可用于实践的业务洞察，如图 6-1 所示。

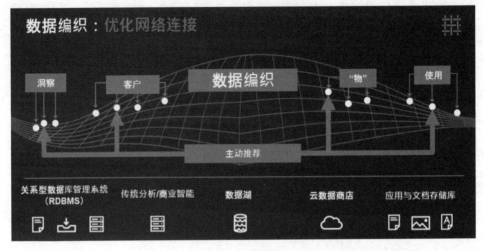

图 6-1　数据编织

Forrester 认为，Big Data Fabric 的最佳之处在于它能够通过利用动态集成、分布式和多云架构、图形引擎、分布式和持久内存等方面的能力来快速交付应用，其专注于自动化流程集成、转换、准备、管理、安全、治理和编排，以快速启用分析和洞察力，实现业务成功。

2）Gartner

Gartner 将 Data Fabric 定义为包含数据和连接的集成层，通过对现有的、可发现和可推断的元数据资产进行持续分析，来支持数据系统跨平台的设计、部署和使用，从而实现灵活的数据交付。Gartner 对 Data Fabric 的定义强调数据系统的设计、部署不应该受到平台选择的约束，散落各处的数据孤岛都能被统一发现和使用，并基于主动元数据进行建设和持续分析。

Data Fabric 是数据管理（如 DataOps）、集成技术、架构、跨平台部署、编排等能力的优化组合（包括不限于流数据集成、数据虚拟化、语义丰富、AI/ML 辅助的主动元数据、知识图谱、图以及其他非关系数据存储等），来应对前面提到的数据管理的挑战。

Data Fabric 通过人和机器的能力及时对所需的数据进行访问（部分情况下实现完全自动化的数据访问和共享），同时在适当的情况下可以将数据进行整合。其不断地识别和连接来自不同应用程序的数据，以发现可用数据之间独特的、与业务相关的关系。与此同时，它还运用了 AI 算法对多个过程如异常数据清洗、任务调度等进行全面的优化升级。

Gartner 在 Data Fabric 的概念介绍中，举了自动驾驶的例子，比较生动和形象。在驾驶汽车时有两种情况，一种是驾驶员主动、全神贯注地驾驶，汽车的自动干预功能较少或最少地介入；另一种是驾驶员由于某些原因注意力不集中，有点儿走神，汽车则主动、及时地切换至半自动驾驶模式，进行必要的路线修正。这种场景形象地描述了 Data Fabric 的思想，首先以观察员的身份监控数据 pipeline，并将监控的结果转化成效率更高的优化方案。当数据驱动和机器学习都能接受优化方案时，则会通过自动执行优化方案进行补充（而之前这部分功能消耗了太多的人工时间），从而让管理者可以专注于创新。即 Data Fabric 以最佳的方式将数据源头传送到目的地，其不断地监控数据 pipeline，提出建议，并最终在速度更快、成本更低的情况下采用替代方案，就如自动驾驶汽车一样。

3）TOP 厂商

IBM 认为，Data Fabric 不是一个产品，而是一种数据管理架构设计理念，是利用 AI、机器学习和数据科学的功能，优化分布式数据的访问，并进行智能的管理和编排，向数据消费者提供自助服务，从而实现让用户及时地访问到正确的数据，提升数据的业务价值。

数据集成领域的领导者 Talend 认为，Data Fabric 是由统一架构以及运行在其上的服务或者技术而组成的、帮助企业管理数据的解决方案，其终极目标是极大化数据价值，加速数字变革。Talend 对于 Data Fabric 的定义围绕最大化数据价值的思路，因此其认为 Data Fabric 除了集成能力之外，还需要建设数据质量管理、数据共享以及基于 AI/ML 的增强能力等，具备很强的科技性和前瞻性。

集成分析领域的领导者 TIBCO 认为，Data Fabric 是一种端到端数据集成和管理的解决方案，其由架构、数据管理和集成软件以及共享数据组成。Data Fabric 通过管理数据来帮助组织解决复杂的数据问题和用例，为所有用户实时地提供统一、一致的用户体验和数据访问，在分布式数据环境中实现无摩擦的数据共享。

Informatica 认为，Data Fabric 统一了跨环境的数据管理，依靠主动元数据、知识图谱、机器学习和其他元数据驱动功能（例如 Informatica 的 CLAIRE AI 引擎支持的功能）为数据集成、分析提出建议和智能决策。而且随着时间的推移，智能数据决策可以变得自主。

综合技术研究商以及各个数据解决方案供应商对 Data Fabric 的定义，我们认为 Gartner 对其定义较为接近本质（另一方面，从 Garner 对 Data Fabric 定义逐年变化的信息中，可以看出业界对其理解越来越清晰），Data Fabric 是一种数据架构思想（而非一组特定的工具），其通过提供一种统一的方法来管理异构数据工具链，其核心能够通过允许将可信数据从所有相关数据源，以灵活且业务可理解的方式交付给所有相关数据消费者，从而提供比传统数据管理更多的价值。

6.1.3 数据编织需要具备的能力

主要参考 Forrester 以及 Gartner 两家技术分析研究公司对于 Data Fabric 的能力要求和定义。

1．Forrester 定义数据编织具备的能力

1）入选 Forrester Wave Data Fabric 专项供应商的标准

- 提供自动化及自助服务能力。最佳的Data Fabric的解决方案是数据民主化，允许业务用户轻松发现数据资产或数据导航。此外，需提供零代码和低代码的能力，以加速大型和复杂的结构部署。以及Data Fabric供应商的解决方案需具备扩展的AI/ML功能，以实现自动化数据发现、分类、安全、接收、转换、处理、集成和访问，从而支持各种工作负载和应用场景。

- 利用图形引擎识别和集成连接数据。图形是连接数据的最快方式，尤其是在处理复杂或大量不同数据时。如果没有图形，连接数据以支持动态集成和编排可能需要更长的时间。因此供应商应该在图形引擎集成上投入一定的时间和资源，从而可以基于数据发现业务关系、自动集成各种数据源以及简化数据转化操作。

- 支持端到端自动化数据管理功能。Data Fabric的关键目标是加速业务应

用，如客户360、客户智能、风险分析和物联网分析。在这方面的支持上，全面的、端到端的数据管理功能至关重要，包括接收、转换、准备、发现、数据目录、集成、治理和安全性。因此，Data Fabric供应商应该专注于自动化的数据管理功能、可扩展的API以及多角色支持等能力。

2）Forrester 对于 Big Data Fabric 的能力定义

Forrester 对于 Big Data Fabric 的能力定义见图 6-2，包括数据管理能力、数据摄取和流式传输能力、数据处理和持久化能力、数据编排能力、数据发现能力、数据访问能力。

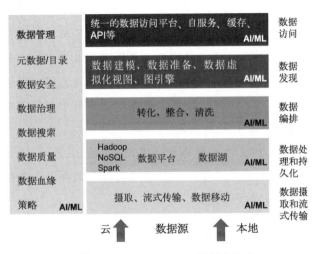

图 6-2　Big Data Fabric 的能力定义

- 数据管理：数据管理是Data Fabric的关键能力，包括了数据安全、数据治理、元数据/目录、数据搜索、数据质量、数据血缘等，并与其他5种能力交织在一起，保障数据的可靠性、安全性、完整性、合规性、可集成等，确保数据的信任度、数据流编排以及跨平台的数据转换。同时数据管理集成了AI能力，自动化实现基于语义和知识的分析，理解数据及其业务含义，构建知识图谱形式的数据目录，从而使得数据目录更加智能化和自动化。

- 数据摄取和流式传输：数据摄取是Data Fabric的数据基础，处理数据连接、摄取、流式传输等，将数据加载到大数据存储中。数据摄取需要能覆盖所有潜在的数据类型（结构化、非结构化等）和数据来源（设备、日志、数据库、点击、应用程序等），并通过多种优化方法缩短数据的加载时间（单个、大批量、小批量等）。

● 数据处理和持久化：该层利用数据湖、数据中心、数据仓库、NoSQL和其他数据组件（如数据管道）来处理和保存数据以供使用。Data Fabric可以将处理下推到各种数据存储上，例如数据湖、对象存储、NoSQL或数据仓库，以便在与其他来源进一步集成之前仅获取部分的相关数据，提升数据的查询性能。

● 数据编排：数据编排通过转换、集成和清洗数据，实时或即时地支持各种数据使用场景。其通过一些技术完成跨源数据的集成访问，并通过统一的、标准化的API的方式将集成转化后的数据对外提供。

● 数据发现：数据发现能力直接解决或者弱化了数据孤岛问题，自动发现跨场景的数据，通过数据建模、数据准备以及虚拟化等技术组件为数据使用者准备好可用的数据资产，并以图的呈现方式进行数据发现和使用。其中数据虚拟化技术比较关键，其用于创建可以实时访问的数据虚拟视图，进行跨岛查询。

● 数据访问：用户通过自服务的方式进行数据访问（如应用程序、工具、仪表盘、解决方案等），并通过高性能缓存以及其他持久化存储技术保障数据的访问性能。

2. Gartner 定义数据编织具备的能力

1）供应商标准

● 数据目录以及呈现方式：Data Fabric的解决方案能够创建和交付数据和连接数据的增强数据目录（用来盘点各种元数据），并能够基于图表的形式呈现元数据关系。

● 数据模型的灵活性：解决方案需要提供通过元数据创建灵活的数据模型的功能，而不是创建刚性数据模型（通常由RD在设计时交付），从而快速应对当前以及不断变化的数据应用场景。其应该通过图形数据进行存储，从而支持创建灵活的知识图谱。

● 语义化的数据模型：解决方案需要能支持业务团队将语义注入到这些数据模型上，业务方可以通过分类法和本体进行，能体现业务价值的语义丰富。

- 知识图谱：提供查询知识图中数据模型的选项（使用广泛采用的查询技术，如SQL、GraphQL［用于API访问图形数据库］、SPARQL［RDF的W3C标准］和虚拟访问［通过数据虚拟化或集成技术］等）。Data Fabric平台应该是综合数据集成平台，能够以多种方式（如批处理、虚拟、流和消息传递）从语义丰富的数据模型中交付数据。

- AI/ML能力集成：Data Fabric供应商需要提供一个AI/ML工具包，随着更多数据连接到Data Fabric平台，该工具包可以不断地通过算法来优化知识图谱。Data Fabric还可以通过AI能力将被动元数据转换成主动元数据，并通过决策引擎或者其他方式实现自动化的数据集成和数据管理。

- 异构数据源连接能力：具备分布式和多样化数据源的连接选项，用于数据摄取和集成。编排能力，通过敏捷数据管道对这些各种组件进行最终编排和交付。

2）核心能力

Gartner 定义数据编织的 6 种核心能力如图 6-3 所示，包括增强数据目录、语义知识图谱、主动元数据、推荐引擎、数据准备和数据交付、数据编排和DataOps。

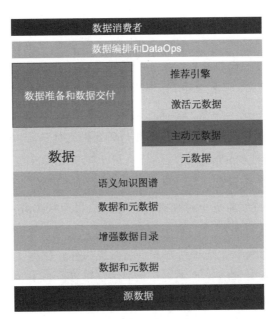

图 6-3　数据编织的核心能力

● 增强数据目录：数据目录是整个架构的基础，其通过元数据对数据资产进行组织和管理。在数据目录上，使用AI/ML进行自动化收集和分析所有形式的元数据以及数据上下文，包括技术元数据、业务元数据、操作元数据等，为形成语义知识图谱以及主动元数据做数据内容上的准备。

● 语义知识图谱：创建和管理知识图谱，并使用AI/ML算法进行实体连接以及连接关系的量化，以识别或者添加，丰富数据间的关系（包括多个数据孤岛间的数据关系、数据上下文以及语义相关性），用于数据洞察分析，同时也可以实现自动化的机器理解和数据推理。产生的语义化数据也可用于机器学习的模型训练上，提升预测的精准度。

● 主动元数据：主动元数据是相对于静态的被动元数据而言的。通过AI/ML辅助生成的主动元数据是支持自动化数据集成和数据交付的基础能力。

● 推荐引擎：推荐引擎与业务相关，将基于专家经验形成的规则或者机器模型学习的结果，以及结合主动元数据，用在数据质量监控以及优化改进数据的准备过程（如集成流程或者引擎优化），如元数据推荐、流程推荐、资产推荐、建议推荐、执行计划推荐、计算引擎推荐等。

● 数据准备和数据交付：Data Fabric的数据准备和交付是在数据pipline中进行数据的转化和集成。数据集成对于Data Fabric至关重要，通过批处理、数据复制、数据同步、流数据集成以及数据虚拟化（在数据查询时完成数据转化）等方式进行跨源、跨环境（如多云、混合云、供应商）的数据集成，将数据准备统一到数据交付层。

● 数据编排和DataOps：数据编排是用于驱动数据准备工作流的流程，用来集成、转换和交付各种数据和分析用例的数据。DataOps是将类似于DevOps的持续集成、持续部署的原则应用于数据pipeline，更加敏捷和严格地进行数据交付。基于AI的自动化数据编排是Data Fabric架构设计以及落地的关键，通过组合和重用集成组件，快速支持当下以及未来需求。存储和计算分离是未来数据管理的趋势，Data Fabric通过自动化来管理和编排跨组织、跨平台的数据pipeline，包括数据流协调、维护、操作、性能优化、集成负载调度等，大幅提高数据管理团队的工作效率。

6.1.4 数据编织架构关键组成

Gartner 给出的数据编织的典型结构如图 6-4 所示,自下而上分为 5 个层次,包括数据源层、数据目录层、知识图谱层、数据集成层、数据消费层。

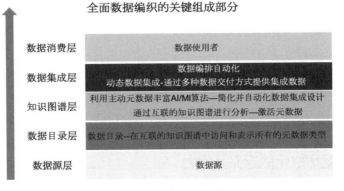

图 6-4 数据编织的关键组成

(1)数据源层:数据编织可以连接各种数据源。这些资源可能存在于企业内部,例如企业的 ERP 系统、CRM 系统或人力资源系统。还可以连接到非结构化数据源,例如,支持 PDF 和屏幕截图等文件提交系统,支持物联网传感器的接入。数据编织还可以从公共可用数据(如社交媒体)等外部系统中提取数据。

(2)数据目录层:与传统人工编目不同,数据编织强调采用新技术,例如语义知识图、主动元数据管理和嵌入式机器学习(ML),自动识别元数据,持续分析关键指标和统计数据的可用元数据,然后构建图谱模型,形成基于元数据的独特和业务相关关系,以易于理解的图谱方式描述元数据。

(3)知识图谱层:知识图谱的语义层通过 AI/ML 算法简化数据集成设计,使数据更加直观、易于解释,使数字化领导者更容易进行分析。基于知识图谱的数据应用,将合适的数据在合适的时机自动化推送给数据集成专家和数据工程师,使他们能够轻松访问并使用数据。

(4)数据集成层:数据编织提供自动编织、动态集成的能力,兼容各种数据集成方式,包括但不限于 ETL、流式传输、复制、消息传递和数据虚拟化或数据微服务等。同时,支持通过 API 与内部和外部利益相关者共享数据。

(5)数据消费层:数据编织面向所有类型的数据用户,提供数据和服务,包括数据科学家、数据分析师、数据集成专家、数据工程师等，既能够面向专业的 IT 用户的复杂集成需求处理，也可以支持业务人员的自助式数据准备和分析。

6.2　数据虚拟化技术实现

目前业内数据编织的落地方案基本集中在数据虚拟化技术上，包括数据源层、数据目录层和数据集成层。本章主要集中在数据虚拟化技术的介绍和技术实现。

6.2.1　数据虚拟化的定义及能力

1．数据虚拟化的定义

数据虚拟化技术是一种现代化的数据整合方法。它可以根据消费应用程序、流程、分析工具或业务用户的需求，实时或近乎实时地提供授信商业数据的简化、统一和整合视图，从而超越了传统技术的局限性。数据虚拟化是虚拟化的一种形式，其本质是对数据资源的封装。当使用数据虚拟化时，它通过提供一个中间层，隐藏了大多数数据的存储位置、技术接口、实现方式、使用平台等技术细节。概言之，数据虚拟化方法封装了数据资源，使得所有的技术细节都隐藏起来，并且应用程序可以使用一个更简单的接口进行工作。数据虚拟方法存在于数据使用者和数据存储之间。数据使用者通过数据虚拟化层访问数据，数据虚拟化层隐藏数据存储实现，如图 6-5 所示。

数据虚拟技术没有移动数据，而是提供一个数据整合视图，让数据源保留在原来的位置。企业不必支付数据的移动和存放费用，但却可以获得数据整合带来的优势。数据虚拟化技术不仅能够实施与传统数据整合技术相同的许多转换和加工功能，例如，ETL、数据复制、数据联邦、企业服务总线（ESB）等，而且能够借助现代技术，以较低成本，更加迅速、敏捷地提供实时数据整合。在许多情况下，数据虚拟化技术可以取代传统数据整合技术，并且减少对复制数据集市和数据仓库的需求。

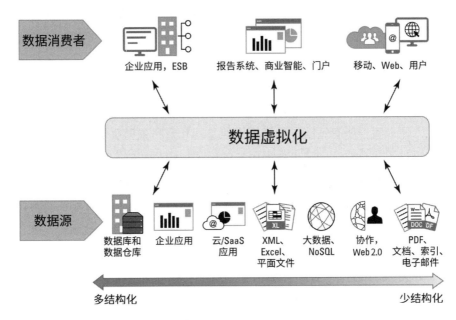

图 6-5　数据虚拟化

另外，数据虚拟化技术还构成一个数据抽象层和数据服务层。从这个意义上讲，无论是在本地部署还是在云上，数据虚拟化技术都能在原始和衍生的数据源、ETL、ESB 等中间件、应用及设备之间发挥很强的互补作用。

2．数据虚拟化技术提供的能力

（1）逻辑抽象和解耦：异类数据源、中间件及消费应用程序使用或预期使用的特定平台和接口、格式、图式、安全协议、查询范式等特征，现在能够通过数据虚拟化技术，方便地进行交互。

（2）强化数据联邦功能：数据联邦原是数据虚拟化技术的一个子集，但现在有了智能化实时查询优化、缓存、内存及混合策略等能力的加持，能够根据数据源的限制、应用需求及网络意识，自动地（或手动地）选择这些能力。

（3）整合结构化与非结构化数据的语义：数据虚拟化技术能够将非结构化 Web 数据的语义理解与结构化数据的图式性理解对应起来，并将其与基于结构化数据的基于模式的理解联系起来。

（4）敏捷的数据服务开通：数据虚拟化技术提高了应用编程接口（API）的经济性。无论是原始数据源，还是衍生、整合或虚拟的数据源，都可通过不同于原始格式或协议的其他格式或协议进行访问，并且能够在几分钟内即可实现受控访问。

（5）统一的数据治理和细粒度安全性，具备完整稽核能力：数据虚拟化技术可以通过本地和外部系统之间建立单个统一的访问层，以此对保存在多个系统上的敏感客户信息实现细粒度安全控制。通过单个的数据虚拟化层，可以发现并方便地整合所有数据，从而更快地暴露冗余和数据质量问题。数据虚拟化技术提供了从数据源到输出数据服务的模式性治理和安全能力，保证了数据整合与数据质量规则的一致性。当数据消费者需要访问数据源时，可通过数据虚拟化层进行访问，数据虚拟化层包含每个数据源的元数据，能够实时地为数据消费者返回安全、虚拟的数据视图。这些视图是可追溯和可稽核的，并且仅提供给获得授权的数据消费者。

（6）消除不必要的数据移动：有了数据虚拟化层，就无须再为报告目的进行数据复制，也不必再重写抽取、转换和加载（ETL）脚本。数据虚拟化层使用企业现有的基础架构进行操作，并且配置方式安全相同。数据虚拟化层仅抽取访问功能，因此用户感觉数据仿佛存在于单个的虚拟数据库。不过，如果出于性能原因必须保留数据，则数据虚拟化工具还提供了简便的保留数据集的方式，只需启用某些模式设置即可。数据复制功能只是另一种选择，而不是必需的。

（7）完整的数据沿袭和敏捷的业务规则：在任何时间点，公司都可以了解和报告任何敏感数据集的完整数据沿袭，包括其原始来源、所有视图和所有修改。另外，通过数据虚拟化层，企业还能建立复杂的规则来自动实现合规性，包括在系统运转的情况下设置数据屏蔽，以免相关数据被缺少必要凭证的用户查看。由于这些规则被应用在数据虚拟化层中，因此可以在不同类型的系统之间快速有效地应用它们。

（8）保证静态数据和动态数据的安全：数据虚拟化层可以在任何级别（例如访客、员工或公司）执行基于角色的身份验证；应用特定于数据的权限，包括行级和列级屏蔽；并定义架构范围的权限和基于策略的安全性。数据虚拟化层通过安全套接层/传输层安全性（SSL/TLS）协议来保护传输中的数据，并通过诸如轻量级目录访问协议（LDAP）、Kerberos 传递、Windows Single Sign On（SSO）、开放授权（OAuth）、简单和受保护的 GSS-API 协商机制（SPNEGO）身份验证、OAuth 和 SAML 身份验证以及 Java 数据库连接/开放数据库连接

（JDBC / ODBC）安全性等业界公认的协议对用户进行身份验证。

（9）通过制度设计保障隐私：此外，数据虚拟化技术还非常适合帮助企业遵守《通用数据保护条例》规定的"制度设计"保护要求。根据定义，数据虚拟化层不需要数据源必须是规定的类型，或者必须只能通过某种方式访问。将新源连接到数据虚拟化层，可以轻松地将其添加到基础架构中，无论数据源技术如何，新源都将立即受到与系统上任何其他源相同的安全控制性和可审核性。

6.2.2　数据虚拟化的技术实现

数据虚拟化技术将来自异类数据源的信息抽象和整合后，实时提供给多个应用程序和用户。另外，数据虚拟化层也便于搭建、使用和维护。要搭建虚拟数据服务器，用户只需遵循以下三个简单步骤，如图 6-6 所示。

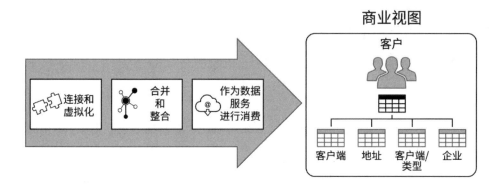

图 6-6　数据虚拟化实现步骤

（1）连接数据源，进行虚拟化。利用系统提供的连接器，快速访问异类的结构化数据源和非结构化数据源。内查其元数据，并在数据虚拟化层上，以标准源视图的形式公开这些元数据。

（2）与业务数据视图进行合并和整合。通过图形用户界面（GUI）或文档化脚本，将源视图合并、整合、转换、清理，形成规范的、模型驱动的业务数据视图。

（3）连接并保护数据服务。可以保护任何虚拟数据视图并将其发布为SQL 视图或许多其他数据服务格式。

1．数据的整合

数据整合分为以下几个步骤。

（1）导入原始表。

源表导入的过程，意味着数据虚拟化识别的过程。在导入的过程中，一部分元数据会被提取并存储在数据虚拟化服务器自己的字典中。其结果会生成一个名为封装表的对象。对于封装表来说，可以被查询，并且如果底层数据库服务器允许的话，可以对数据进行插入、更新和删除。封装表与源表是多对一的关系。对于一个源表可以定义一个或多个封装表，一个封装表至多可隶属于一个源表。这里需要关注的是导入中被提取并存储的元数据，它可以包含但不限于以下信息：

- 源表所在服务器的网络位置。
- 登录数据库服务器的信息。
- 名称、所有者和源表建立的日期。
- 源表的结构（含每列的类型和非空规范）。
- 源表定义的主键和外键。
- 源表的行数和为每一列分配的值（用于查询优化）。

这是连接数据源，并进行数据目录的建立。

（2）映射虚拟表。

封装表与源表具有相同的结构。如果用户需要看到部分列、汇聚后的结果或关联结果集，就需要在封装表上定义虚拟表。所谓映射的过程，就是定义了一个虚拟表的结构以及如何将一个源表（或一组源表）中的数据转换为虚拟表的内容。映射通常由一些操作组成，如行选择、列选择、列连接和转换、列名和表名变动、分组等。对于虚拟表来说，其是基于封装表或其他虚拟表定义的，虚拟表需要封装表；而封装表是基于源表定义的，不需要虚拟表。

（3）发布虚拟表。

发布定义好的虚拟表，这意味着虚拟表可以通过一个或者多个语言和编程接口成为可用的数据使用者。常见的 SQL 就是一种访问接口。

（4）虚拟表更新。

虚拟表可更新因素包括源表内容是否能改变和虚拟表与源表中记录的关系。

- 指向源表内容是否能改变，取决于源表是否具有可更新性。有些源表（例如CUBE或外部数据）可能不支持插入，甚至更新。

● 如虚拟表中行的更新、插入或删除可以被转换为源表中的一个记录的
更新、插入或删除，那么改变是可以的。如果不存在一对一的关系，
则不能更新。

（5）数据虚拟化服务器支持事务管理。

如果一个数据存储支持事务管理，那么所做的改变可以形成一个原子事务。
如果一个数据存储不支持事务管理，这种情况称为修正的事务机制。修正的意
思是数据使用者必须能够活跃一些解开事务变化的逻辑，这种逻辑称为修正事
务。因此当原始事务插入数据时，修正事务删除它；当原始事务删除数据时，
修正事务使数据回退。在大多数系统中，这意味着需要较多的代码。部分数据
虚拟化服务器支持分布式事务管理，但部分数据存储（例如电子表格）不支持
XA。正确地操控它们，是数据使用者的责任。

2．数据虚拟化的管理

数据虚拟化的管理主要有虚拟表的管理、虚拟表的安全访问机制、虚拟表
的缓存机制和数据的访问优化查询。

（1）虚拟表的管理：对数据虚拟化的主要管理动作，就是源表变化对虚
拟化结果的影响。此时需要做"影响度分析"，其显示一个对象的改变而可能
对其他对象造成的所有潜在影响。这里的前提是了解一个特定对象所依赖的对
象，比如虚拟表所依赖的对象。通常的处理策略是周期性比较封装在源表中的
元数据和底层数据存储区里真正的源表中的元数据，借此检测到源表已经发生
变化，它们会检查这两个是否仍然是同步的。如不同步，需要做一些决策，包
括封装表删除、封装表无效、自动传播到封装表。这种情况下，数据虚拟化服
务器要确定封装表如何改变，使得它与源表再次同步；一般需要人工来确认是
否执行。

（2）虚拟表的安全访问机制：访问数据虚拟化的用户必须提供凭据以证
明自己的身份，并确保确定登录用户的访问权限。在亚信科技的数据编织中，
基于租户机制来保证虚拟表的安全访问机制。

（3）虚拟表的缓存机制：一般来说，数据虚拟化并不复制数据，也不保
存数据，但是为了优化查询速度，可以对虚拟表采取缓存机制，将虚拟表中的
内容通过映射和存储磁盘或内存中的内容，从底层源表中检索出来。当查询虚
拟表时，存储内容可被访问，而不是从底层源表中访问，从而加快访问速度。

（4）数据的访问优化查询：数据访问的流程如图 6-7 所示，数据虚拟化服务的访问优化主要包括：查询替换、下推优化、查询扩展、缓存优化。

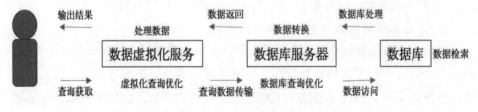

图 6-7　数据访问流程

- 查询替换：数据虚拟化服务将查询结合成一个对数据库服务器的查询。即对虚拟表的映射的查询不是一个一个地执行，而是合并成一个综合查询并随之优化。这样最小化了数据库服务器与数据虚拟化服务之间传输的数据量。类似于数据库的"视图分解"技术。
- 下推优化：为了从源数据存储得到的数据量最小化，将处理操作尽量下推到数据库服务器执行，就是将选择、投影和分组等操作进行叠加。如数据存储能力不行，则仅检索所需数据，由上层的数据虚拟化服务执行。
- 查询扩展：对于存储在两个不同数据存储区的表进行查询，可根据查询特点构造更为有效的处理分布式连接技术。例如将小表查询出结果，将大表的关联查询改造为常量查询，以只传输少量数据，代替了大表上传后过滤，提前到在源端过滤。
- 缓存优化：使用缓存，加速访问。

6.2.3　数据虚拟化开源技术介绍

1. openLooKeng 技术

2020 年，华为正式宣布开源数据虚拟化引擎 openLooKeng，架构如图 6-8 所示。致力于为大数据用户提供极简的数据分析体验，让用户像使用"数据库"一样使用"大数据"。openLooKeng 是一款开源的高性能数据虚拟化引擎。提供统一的 SQL 接口，具备跨数据源 / 数据中心分析能力以及面向交互式、批、流等融合查询场景；同时增强了前置调度、跨源索引、动态过滤、跨源协同、水平拓展等能力。

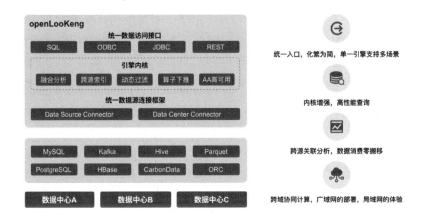

图 6-8　OpenLooKeng 架构

openLooKeng 提供以下能力：

● 提供统一的SQL接口，可访问多种数据源。

● 免数据搬迁，在数据所在地对数据进行处理，并且支持跨数据中心、跨云处理。

● 支持面向交互式、批、流等融合查询的场景。

● 提供Coordinator AA高可用、可扩展的数据源connector框架等能力，让用户及大数据解决方案伙伴更方便地使用openLooKeng。

● DC Connector提供跨域分析的能力。

● VDM（虚拟数据集市）简化数据的开发流程：通过VDM，可方便地对底层的数据源、数据表进行管理，通过建立轻量级的视图来实现对不同数据源的模式化访问，使得用户不需要每次查询都关心数据的分布以及访问方式，从而简化数据开发过程，如图6-9所示。

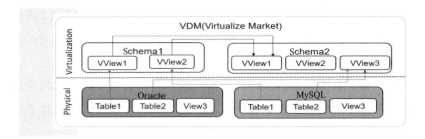

图 6-9　VDM 实现

2．Alluxio 技术

Alluxio 是一个基于内存的分布式文件系统，它是架构在底层分布式文件系统和上层分布式计算框架之间的一个中间件，主要职责是以文件形式在内存或其他存储设施中提供数据的存取服务。

Alluxio 居于传统大数据存储（如 Amazon S3、Apache HDFS 和 OpenStack Swift 等）和大数据计算框架（如 Spark、Hadoop Mapreduce）之间，如图 6-10 所示。

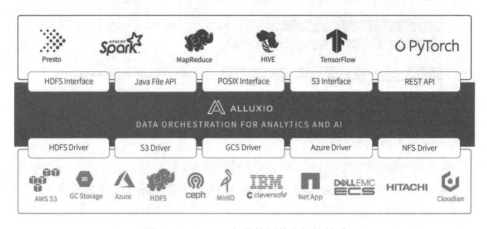

图 6-10　Alluxio 与其他组件之间的关系

Alluxio 特性如下：

- 层次化存储：通过分层存储，Alluxio不仅可以管理内存，也可以管理SSD和HDD，能够让更大的数据集存储在Alluxio上。数据在不同层之间自动被管理，保证热数据在更快的存储层上。自定义策略可以方便地加入Alluxio，而且pin的概念允许用户直接控制数据的存放位置。
- 灵活的文件API：Alluxio的本地API类似于java.io.File类，提供了InputStream和OutputStream的接口和对内存映射I/O的高效支持。我们推荐使用这套API以获得Alluxio的最好性能。另外，Alluxio提供兼容Hadoop的文件系统接口，Hadoop MapReduce和Spark可以使用Alluxio代替HDFS。
- 统一命名空间：Alluxio通过挂载功能在不同的存储系统之间实现高效的数据管理。并且，透明命名在持久化这些对象到底层存储系统时可以保留这些对象的文件名和目录层次结构。如图6-10所示，Alluxio可以支持目前几乎所有的主流分布式存储系统，可以通过简单配置或者

Mount的形式将HDFS、S3等挂载到Alluxio的一个路径下。这样我们就可以统一通过Alluxio提供的Schema来访问不同存储系统的数据，极大地方便了客户端程序开发。

- 数据共享：不同应用程序和不同框架的数据可以通过Alluxio内存文件系统进行高速共享。比如，不同spark程序之间的中间结果可以通过简单存储到Alluxio达到共享的目的，而且不影响程序的性能。
- 高效的读写性能：对于热点数据，Alluxio可以提供达到内存级别高效的读写性能，对于关键业务能够起到很好的加速作用。
- 可插拔、容错：在容错方面，Alluxio备份内存数据到底层存储系统。Alluxio提供了通用接口以简化插入不同的底层存储系统。
- 读写分离、加速：随着大数据的发展，读写分离的架构越来越普遍，但是读写分离有一个问题就是会影响程序的读写性能。Alluxio在这种读写分离的场景下，具有很好的适用性，可以做到一次读取、多次使用和最大限度的提升。

3. Presto 技术

Presto（或 PrestoDB）是一种开源的分布式 SQL 查询引擎，从头开始设计用于针对任何规模的数据进行快速分析查询。它支持的数据源比较多，例如 Hadoop 分布式文件系统（HDFS）、Amazon S3、Cassandra 等这些非关系数据源，又可支持像 MySQL、PostgreSQL、Amazon Redshift、Microsoft SQL Serve 等这些关系数据源。

Presto 可在数据的存储位置查询数据，无须将数据移动到独立的分析系统。查询执行可在纯粹基于内存的架构上平行运行，大多数结果在几秒内即可返回。已被许多知名公司采用，例如 Facebook、Airbnb、Netflix、Atlassian 和 Nasdaq。

Presto 是在 Hadoop 上运行的分布式系统，使用与经典大规模并行处理（MPP）数据库管理系统相似的架构。它有一个协调器节点，与多个工作线程节点同步工作。用户将其 SQL 查询提交给协调器，由其使用自定义查询和执行引擎进行解析、计划，并将分布式查询计划安排到工作线程节点之间。它设计用于支持标准 ANSI SQL 语义，包括复杂查询、聚合、连接、左/右外连接、子查询、开窗函数、不重复计数和近似百分位数。

查询编译之后，Presto 将请求处理到工作线程节点之间的多个阶段中。所有处理都在内存中进行，并以流水线方式经过网络中的不同阶段，从而避免不必要的 I/O 开销。添加更多工作线程节点可提高并行能力，并加快处理速度。

为了使 Presto 可扩展到任何数据源，其设计采用了存储抽象化，以便于轻松地构建可插入的连接器。因此，Presto 拥有大量连接器，例如 Hadoop 分布式文件系统（HDFS）、Amazon S3、Cassandra、MongoDB、HBase、MySQL、PostgreSQL、Amazon Redshift、Microsoft SQL Server 和 Teradata 等。数据在其存储位置接受查询，无须将其移动到独立的分析系统中，其架构如图 6-11 所示。

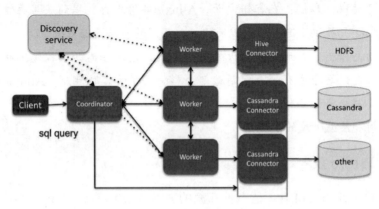

图 6-11　Presto 架构

6.3　数据虚拟化应用场景

6.3.1　电信行业应用场景

运营商省公司数据集中存储在分布于全国的 12 个数据中心，每个中心存储就近存储省公司数据，集团公司需要在全网视角分析和使用数据，中心化的方式需要大规模的数据搬迁，不支持灵活的查询数据方式，并且混搭架构存在不同的数据源中，访问存在多种连接及掌握多套技术框架。对于该问题，可以用数据编织的解决方案来解决，方案架构如图 6-12 所示。

● 基于数据编织架构的数据连接层实现混搭架构数据源的统一连接，实现访问入口的统一。

● 基于数据编织架构的数据虚拟化访问，实现数据的连接，通过视图方式实现数据的灵活访问及分析。

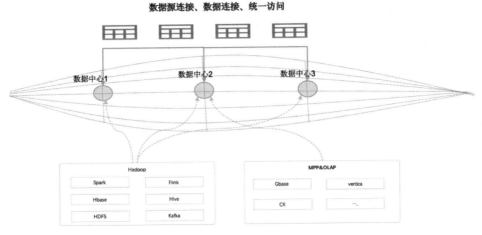

图 6-12　解决方案架构

由图 6-12 可以看出，有的数据中心是 Hadoop 集群，数据存在 HDFS 里面，有的数据中心是 MPP&OLAP，数据存储在各种数据库里。通过数据编织的技术将各个数据中心连接起来，实现了一个统一的访问入口，同时通过建立各种视图来实现数据的灵活访问和分析。

通过该解决方案，发现准备数据的时间从以天为单位变为以小时为单位；同时分析人员使用数据的开发时间缩短，并可复用相同的技术框架。

6.3.2　在线教育行业应用场景

某在线教育公司的在线校园网站以视频和音频格式提供了数百种在线课程。随着客户群和业务运营的规模越来越大、越来越复杂，数据储备库也随之增加，其中包含了营销、财务、课程、学生和许多其他领域的各种功能数据。

该在线教育公司将业务相关的服务容器化，例如入学、注册、学生门户、用户界面、付款、账单及通信等，通过 API 调用在内部传输数据。同时公司还保留了许多用于营销、财务和在线校园的遗留系统和报告工具，报告工具等需要连接多个数据库，目前该公司需要更加简单和敏捷的数据访问机制。该公司计划向微服务转型，在逐步淘汰遗留系统的过程中，不希望中断日常运营。所以该公司需要更加智能的数据访问机制，并且该数据访问机制能够提供全面的安全性、数据隐私保护及数据治理能力。

　　对该公司的基本数据管理系统、微型服务及遗留系统进行了虚拟化，创建了遵循单一语义模型的合并虚拟视图，以减少报告系统的业务影响。为预定义的连续性实体（例如，学生、课程和定价）创建了单一视图，并且企业中的商业利益相关人能够轻松地识别它们。同时数据虚拟化层提供了全面的安全性、数据隐私保护及数据治理能力，该解决方案架构如图 6-13 所示。

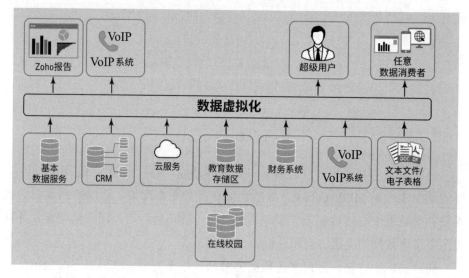

图 6-13　解决方案架构

　　采用该数据编织的解决方案后，通过集中式信息的单一视图，商业用户可以做出更快的商业决策。通过虚拟化及合并语音 IP（VoIP）和客户关系管理系统（CRM），该在线教育公司能够为学生分配适当的学生成绩管理员，从而大大地提高客户满意度。从而该公司能够比以往更快地公布和启动产品和服务，同时又能保证服务质量，从而直接给营收带来增长。

6.3.3　物联网行业应用场景

　　物联网的迅速崛起，在数据应用方面带来以下两个挑战：

　　（1）众多的数据源和数据类型，这些数据使用传统数据整合解决方案，实时复制、分析和访问这些数据既不切实际，也不合乎需要。数据源包括来自大量不同类型的物联网设备，例如：自动驾驶汽车、环境传感器、工业系统、安全、监视和监控摄像头、智慧家居、个人穿戴技术、虚拟现实和增强现实等。物联网数据类型包括结构化数据、非结构化数据、半结构化数据和对象数据。

（2）某些数据类型（有时被称为"小数据"）只有非常短暂的使用寿命。这就需要利用实时分析工具，从物联网数据源中获取价值，这一点变得十分重要。

某公司销售各种智能家居设备，设备传感器的流数据放在云存储上或者 Hadoop 集群里，CRM 系统（例如，含有客户支持票务数据 / 销售部门营收数据的 CRM 系统）存储在本地数据库中，该公司需要整合流数据及本地销售或者客户数据，来支持客户画像及提高客户体验，提高客户的留存率。

通过数据虚拟化技术来解决这一问题。数据虚拟化技术可用于将云存储中的数据、Hadoop 上存储的数据与 CRM 系统（例如，含有客户支持票务数据或销售部门营收数据的 CRM 系统）的数据进行合并，如图 6-14 所示。合并后的数据可提供有价值的深层信息，以帮助企业实时做出明智的商业决策。

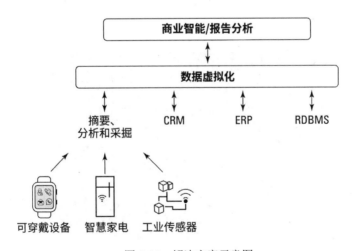

图 6-14　解决方案示意图

同时，通过数据虚拟化合并智能家居的数据和客户关系管理系统（CRM），该公司能够根据客户画像和用户行为精确推送相关营销和服务信息，提升客户体验。

第 **7** 章　　**隐私计算**

随着计算机算力不断提高，移动互联网、云计算和大数据等技术快速发展，催生了众多新的服务模式和应用。这些服务和应用一方面为用户提供精准、个性化的服务，给人们的生活带来了极大便利；另一方面又采集了用户的大量信息，而所采集的信息中往往含有大量包括病史、收入、身份、兴趣及位置等敏感信息，对这些信息的收集、共享、发布、分析与利用等操作会直接或间接地泄露用户隐私，给用户带来极大的威胁和困扰。

个人隐私保护成为人们广泛关注的焦点，人们也都认识到隐私信息是大数据的重要组成部分，而隐私保护关乎个人、企业乃至国家的利益，如图 7-1 所示。

图 7-1　隐私保护示意图

隐私计算技术，或称为隐私增强计算技术是指在保证数据提供方不泄露原始数据的前提下，对数据进行分析计算的一系列信息技术，保障数据在流通与融合过程中的"可用不可见"。

隐私计算技术并不是一种单一的技术，它是一套包含人工智能、密码学、数据科学等众多领域交叉融合的跨学科技术体系，实现数据"可用不可见"。

通过数据价值的流通，促进企业数据的合法合规应用，激发数据要素的价值释放，进一步培育数据要素市场。

从应用目的的角度来看，一方面，隐私计算可以增强数据流通过程中对个人标识、用户隐私和数据安全的保护；另一方面，隐私计算也为数据的融合应用和价值释放提供了新思路。

7.1　隐私计算的起源与发展

7.1.1　隐私计算的起源

2000 年的图灵奖得主姚期智院士在 1982 年提出"百万富翁"问题。假设有两个百万富翁，他们都想知道谁更富有，但他们都想保护好自己的隐私，都不愿意让对方或者任何第三方知道自己真正拥有多少财富。那么，如何在保护好双方隐私的情况下，计算出谁更有钱呢？这个烧脑的问题涉及这样一个矛盾，如果想比较两人谁更富有，两人似乎就必须公布自己的真实财产数据。但是，两个人又都希望保护自己的隐私，不愿让对方或者任何第三方知道自己的财富。在普通人看来，这几乎是一个无解的悖论。然而在专业学者眼里，这是一个加密学问题，可以表述为"一组互不信任的参与方在需要保护隐私信息以及没有可信第三方的前提下，进行协同计算的问题"。这也被称为"多方安全计算"（Secure Multi-party Computation，SMC）问题。

姚期智院士在提出"多方安全计算"概念的同时，也提出了自己的解决方案——混淆电路（Garbled Circuit）。随着多方安全计算问题的提出，投入到多方安全计算研究的学者越来越多。除了混淆电路之外，秘密共享、同态加密等技术也开始被用来解决多方安全计算问题，隐私计算技术也逐步发展了起来。

7.1.2　隐私计算的政策环境

1. 数据作为新的生产要素成为重要引擎

数字经济时代的特点之一便是将数据视作关键的生产要素，并通过跨领域、跨行业、跨地域的机构间的数据流通释放要素价值。但是，目前我国数据要素市场化配置尚处于起步阶段，规模小、成长慢、制约多，机构间的数据流通仍存在诸多阻碍。

2020年4月9日，第一份关于要素市场化配置的文件《关于构建更加完善的要素市场化配置体制机制的意见》（以下简称《意见》）正式发布。《意见》指出了土地、劳动力、资本、技术、数据五个要素领域改革的方向，明确了完善要素市场化配置的具体措施。《意见》提出，要推进政府数据开放共享，提升社会数据资源价值，加强数据资源整合和安全保护，并强调引导培育大数据交易市场，为数据要素市场化配置指明了方向，对推动数字经济高质量发展具有重要指导意义。下一步应着力破除数据确权、自由流动、隐私安全等方面瓶颈制约，完善配套措施，培育发展数据要素市场，加快数据资产化进程，构建数据治理监管体系，使数据要素充分参与市场配置，推动经济高质量发展。

培育数据要素市场的根本是数据资产化。只有保障数据资源的价值，解决数据权属关系边界模糊的问题，才能使数据具备权利属性进而设定为资产。

一方面，隐私计算可保障数据的商品价值、交换价值及使用价值。传统模式下，数据复制性强的特点使原始数据在转化过程中价值稀释显著，导致使用率越高价值越低。隐私计算在不交换原始数据的前提下，输出数据蕴含的知识，数据使用率越高证明数据应用价值越高。因此隐私计算是还原数据资产特性的根本，可以使数据资产价值以市场化的方式计量，有望成为数据资产化系统性工程中的重要环节。

另一方面，隐私计算可保障数据资产权方利益。按照资产属性，数权具有私权属性和公权属性。维护个人利益是私权属性的根本体现，公权属性则强调数据作为公共产品的资源性，主要指国家机关等公共部门出于公共利益目的而使用数据。隐私计算可有效平衡数据的私权属性与公权属性，不需要让渡数据个人权利即可使公共部门行使权力，有效消除数据壁垒，最大化释放数据价值。

随着人工智能等新技术的发展，基于大数据创造出大量新场景、新价值，数据本身的底层价值井喷，快速推动着新业态、新模式的发展，因此应用更多数据，特别是在多方之间形成数据的共享，用更多数据来创造更大的价值成为必然趋势，这是来自价值端的快速增长。但是由于种种原因所造成的"不敢共享""不愿共享""不能共享"成为目前数据应用的最大困境。隐私计算是平衡数据最大价值利用和保护数据安全的重要路径。

2．隐私计算相关政策逐步完善

近年来，我国数据立法进程不断加快，尤其强调数据应用过程中的数据安全。《中华人民共和国网络安全法》、《中华人民共和国数据安全法》和《中华人民共和国个人信息保护法》逐步完善了国家数据相关立法的顶层设计，着重强调了流通过程中的数据安全和个人信息保护，如表 7-1 所示。

表 7-1　隐私计算法律政策文件

	发布时间	文件名	发布单位	涉及隐私数据保护内容
法律文件	2016 年 11 月	《中华人民共和国网络安全法》	十二届全国人民代表大会常务委员会第二十四次会议	强调收集的用户信息严格保密，维护网络数据的完整性、保密性和可用性，实行网络安全等级保护制度
	2021 年 6 月	《中华人民共和国数据安全法》	十三届全国人民代表大会常务委员会第二十九次会议	强调数据安全与开发利用并重，确立数据分类分级管理制度，多种手段保证数据交易合法合规
	2021 年 8 月	《中华人民共和国个人信息保护法》	十三届全国人民代表大会常务委员会第三十次会议	强调个人信息在数据流通过程中的安全合规
政策文件	2016 年 12 月	《大数据产业发展规划（2016—2020 年）》	工业和信息化部	支持企业加强多方安全计算等数据流通关键技术攻关和测试验证
	2019 年 9 月	《金融科技发展规划（2019—2021 年）》	中国人民银行	提出利用多方安全计算技术提升金融服务安全性
	2021 年 5 月	《全国一体化大数据中心协同创新体系算力枢纽实施方案》	国家发改委、中央网信办、工业和信息化部、国家能源局	提出"试验多方安全计算、区块链、隐私计算、数据沙箱等技术模式，构建数据可信流通环境，提高数据流通效率"
	2021 年 7 月	《网络安全产业高质量发展三年行动计划（2021—2023 年）（征求意见稿）》	工业和信息化部	提出推动隐私计算等数据安全技术的研究攻关和部署应用，促进数据要素安全有序流动

7.1.3　隐私计算的市场发展

1．数字经济呼唤隐私计算

数据驱动数字经济蓬勃发展，数据安全合规成为焦点议题。伴随着云计算、大数据、人工智能等新一代信息技术的落地应用，数据作为战略性和基础性资源，不但是连接虚拟空间和实体空间的纽带，也是数字经济体系中技术创新、需求挖掘、效率提升的重要动能。但数据在不断创造价值的同时，其安全保护、合规应用等问题也成为政、产、学、研、用等各界关注的焦点。隐私计算技术的出现不仅保障了数据要素安全合规的流通，也带来了重要的经济价值。

隐私计算的营业收入主要分为两大类：

● 早中期：系统/软件销售与服务收入。

● 中远期：通过隐私计算平台上产生的业务运营分润收入。

隐私计算平台上产生的业务运营分润收入主要包括：

● 不同行业的低频（如按月/季度调用）的数据建模分析服务。

● 不同行业的高频（近实时调用）的数据模型应用服务。

● 赋能区块链业务服务。

Gartner 认为到 2025 年，将有一半的大型企业机构在不受信任的环境和多方数据分析用例中使用隐私计算处理数据。因此，到 2025 年，按隐私计算 5% ～ 10% 的占比率，这部分市场中对应的隐私计算系统 / 软件销售和服务的市场每年在 350 亿～ 700 亿美元。国内市场规模将快速发展，三年后技术服务营收有望触达 100 亿～ 200 亿人民币的空间，甚至将撬动千亿级的数据平台运营收入空间。[①]

2. 数据流通领域最受关注的技术

隐私计算技术作为平衡数据流通和数据安全的重要路径，自 2016 年起，在政策支持和市场需求的双重驱动下，隐私计算在数据相关产业内悄然兴起并逐渐升温。相关的学术会议和论文在近几年大幅增长，如图 7-2 所示，相关研究从技术原理转向应用实践，从互联网大厂到传统 IT 厂商，越来越多的企业入局隐私计算的研发和产品化，并在金融风控、互联网营销、医疗诊治、智慧城市等越来越多的场景落地应用。目前，隐私计算已成为数据流通领域最受关注的技术热点，市场一片火热。

---

① 数据来源：IDC，KPMG

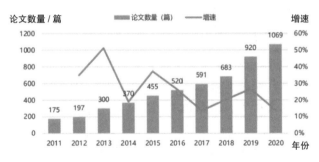

图 7-2　全球隐私计算领域论文发表数量和增速

7.1.4　隐私计算的发展展望

从全球范围看，无论是国内还是国外，均有很多大型企业和创业团队布局隐私计算，但市场仍处于蓬勃发展的早期阶段，竞争格局尚未确定，还未出现杀手级的应用，仍然有孵化创新独角兽的机会。

2020 年是隐私计算市场的概念普及年，行业做了大量的概念验证，隐私计算技术得到了从监管、学术界到市场的广泛认可，2021 年有比较多的课题级项目的试点落地，隐私计算开始逐步进入规模化应用阶段，但距离大规模生产系统仍需一段时间。隐私计算技术主要解决数据流通问题，实现数据要素安全流通，就需要互联互通标准来破除"技术孤岛"，让部署不同框架的节点之间实现高效互联。从点对点的数据交换，到建立一张数据价值流通网络，互联互通让隐私计算实现生态建设和规模化发展的升级。隐私计算产业发展如图 7-3 所示。

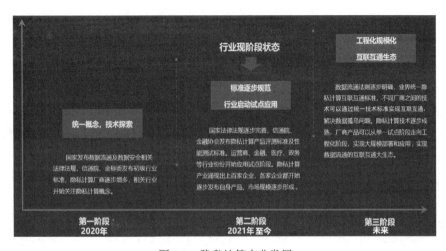

图 7-3　隐私计算产业发展

现阶段的隐私计算产业发展处于第二阶段，行业标准逐步规范，部分行业开始尝试试点应用，但还存在一些难点问题需要攻克。

- 现阶段技术和解决方案还不够完全成熟，与客户的需求有一定的差距。隐私计算的技术效率还有进一步提升。例如MPC和联邦学习技术都受制于网络带宽、通信速率和网络稳定性，计算和建模效率尚不够令人满意；同态加密的计算有严重的性能瓶颈。
- 由于计算效率和安全性等问题，现有市场的产品实现比较复杂，无法实现规模化工程化推广，会产生一定的技术维护成本，但客户对复杂系统的维护费用的支付意愿较弱。
- 现有产品和技术还不足以支撑客户对一个完整解决方案的需求。如客户需要拉新促活的完整营销技术，而不仅仅是隐私保护前提下带来的新的数据。现阶段隐私计算可以作为方案中的一个模块，未来随着数据逐步推动业务形态的变化。

7.2 隐私计算体系

7.2.1 隐私计算的概念

2016 年，中国科学院信息工程研究所研究员李凤华等对隐私计算在概念上进行了界定。隐私计算是面向隐私信息全生命周期保护的计算理论和方法，具体是指在处理视频、音频、图像、图形、文字、数值、泛在网络行为信息流等信息时，对所涉及的隐私信息进行描述、度量、评价和融合等操作，形成一套符号化、公式化且具有量化评价标准的隐私计算理论、算法及应用技术，支持多系统融合的隐私信息保护。

隐私计算涵盖信息所有者、搜集者、发布者和使用者在信息采集、存储、处理、发布（含交换）、销毁等全生命周期中的所有计算操作，是隐私信息的所有权、管理权和使用权分离时隐私描述、度量、保护、效果评估、延伸控制、隐私泄露收益损失比、隐私分析复杂性等方面的可计算模型与公理化系统。

中国信通院根据数据的生命周期，将隐私计算技术分为数据存储、数据传输、数据计算过程、数据计算结果4个方面，每个方面都涉及不同的技术，如图7-4所示。

图 7-4　根据数据生命周期划分的隐私计算技术

根据数据生命周期，我们可以将隐私计算的参与方分为输入方、计算方和结果使用方三个角色，如图 7-5 所示。

图 7-5　隐私计算参与方的三种角色

在一般的隐私计算应用中，至少有两个参与方，部分参与方可以同时扮演两个或两个以上的角色。计算方进行隐私计算时需要注意"输入隐私"和"输出隐私"。输入隐私是指参与方不能在非授权状态下获取或者解析出原始输入数据以及中间计算结果，输出隐私是指参与方不能从输出结果反推出敏感信息。

联合国全球大数据工作组将隐私保护计算技术定义为在处理和分析数据的过程中能保持数据的加密状态、确保数据不会被泄露、无法被计算方以及其他非授权方获取的技术。与之基本同义的一个概念是"隐私增强计算技术"，通常可换用。

7.2.2　隐私计算体系架构

从技术层面来说，隐私计算主要有两类主流解决方案：一类是采用密码学和分布式系统；另一类是采用基于硬件的可信执行环境（Trusted Execution Environment，TEE）。

密码学方案以 MPC 为代表，通过秘密共享、不经意传输、混淆电路、同态加密等专业技术来实现。近几年，其性能逐渐得到提升，在特定场景下已具有实际应用价值。

基于硬件的可信执行环境方案是构建一个硬件安全区域，隐私数据仅在该安全区域内解密出来进行计算（在安全区域之外，数据都以加密的形式存在）。其核心是将数据信任机制交给像英特尔、AMD 等硬件方，因其通用性较高、计算性能较好，受到了较多云服务商的推崇。这种通过基于硬件的可信执行环境对使用中的数据进行保护的计算也被称为机密计算（Confidential Computing）。

另外，近年来，在人工智能大数据应用的大背景下，比较火热的联邦学习也是隐私计算领域主要推广和应用的方法。

《腾讯隐私计算白皮书（2021 年）》将当前隐私计算的体系架构总结为图 7-6。一般而言，越是上层，其面临的情况可能越复杂，往往会综合运用下层中的多项技术进行安全防护。

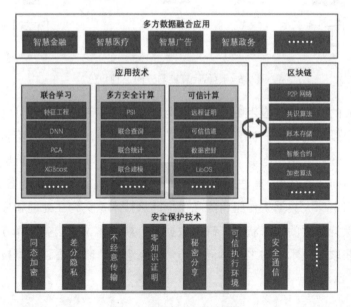

图 7-6　隐私计算体系架构

7.3　隐私计算技术介绍

从技术角度出发，隐私计算是涵盖众多学科的交叉融合技术，目前主流的隐私计算技术主要分为三大方向，如图 7-7 所示。

- 以多方安全计算（Secure Multi-Party Computation）为代表的基于密码学的隐私计算技术。
- 以联邦学习（Federated Learning）为代表的人工智能与隐私保护技术融合衍生的技术。
- 以可信执行环境（Trusted Execution Environment）为代表的基于可信硬件的隐私计算技术。

不同技术往往组合使用，在保证原始数据安全和隐私性的同时，完成对数据的计算和分析任务。

图 7-7　隐私计算技术分类

隐私计算技术为数据的隐私保护与计算提供丰富的解决方案，可从底层硬件、基础层和算法应用等不同角度加以区分。

从底层硬件来说，多方安全计算与联邦学习通常从软件层面设计安全框架，以通用硬件作为底层基础架构；可信执行环境则是以可信硬件为底层技术实现的隐私计算方案。

从算法构造来说，多方安全计算技术基于各类基础密码学工具设计不同的安全协议；联邦学习除可将多方安全计算协议作为其隐私保护的技术支撑外，基于噪声扰动的差分隐私技术也广泛应用于联邦学习框架中；可信执行环境通常与一些密码学算法、安全协议相结合为多方数据提供保护隐私的安全计算。

从算法应用来说，以不同技术为基础，隐私计算逐渐演化出丰富的算法应用场景。这些应用往往为了实现特定计算目的而组合应用了多种隐私计算技术，可直接用于实际生产。联邦学习技术方案主要应用于联合建模和预测场景中；多方安全计算和可信执行环境则可作为更加通用的技术方案，可设计用于联合统计、联合查询、联合建模、联合预测等诸多场景。

7.3.1　多方安全计算

多方安全计算（Secure Multi-party Computation，MPC）基于密码学原理实现通用计算能力。MPC 本质是，在无可信第三方的情况下，多个参与方共同计算一个目标函数，并且保证每一方仅获取自己的计算结果，无法通过计算过程中的交互数据推测出其他任意一方的输入数据（除非函数本身可以由自己的输入和获得的输出推测出其他参与方的输入）。MPC 是一种在参与方不共享各自数据且没有可信第三方的情况下安全地计算约定函数的技术和系统。通过安全的算法和协议，参与方将明文形式的数据加密后或转化后再提供给其他方，任一参与方都无法接触到其他方的明文形式的数据，从而保证各方数据的安全。MPC 的基本安全算子包括同态加密、秘密分享、混淆电路、不经意传输、零知识证明等。解决特定应用问题的 MPC 协议包括隐私集合求交、隐私信息检索及隐私统计分析等，如图 7-8 所示。

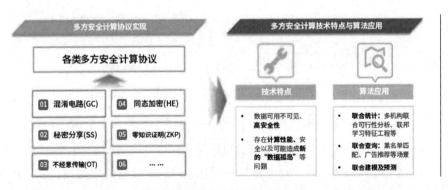

图 7-8　多方安全计算技术特征

从底层硬件来说，不同于可信执行环境基于可信硬件来保证数据的隐私计算，多方安全计算以通用硬件作为底层架构设计基于密码学的算法协议来实现隐私计算。

从算法构造来说，多方安全计算是多种密码学基础工具的综合应用，除混淆电路、秘密分享、不经意传输等密码学原理构造的经典多方安全计算协议外，其他所有用于实现多方安全计算的密码学算法都可以构成多方安全计算协议，因此在实现多方安全计算时也应用了同态加密、零知识证明等密码学算法（鉴于同态加密、零知识证明在隐私计算中的特殊地位，后面我们将单独叙述），有时也与可信执行环境等基于可信硬件的隐私计算技术结合提供安全加强的方案。

从算法应用来说，多方安全计算根据其可在各方不泄露输入数据的前提下完成多方协同分析、处理和结果发布这一技术特点，广泛应用于联合统计、联合查询、联合建模、联合预测等场景，也可以支持用户自定义计算逻辑的通用计算需求。

多方安全计算包括多个技术分支，目前在 MPC 领域，主要用到的是秘密分享、不经意传输、混淆电路、同态加密、零知识证明等关键技术。

1．秘密分享

秘密分享（Secret Sharing，SS）协议最早由 Shamir 和 Blakley 在 1979 年提出的，是指将秘密信息拆分成若干分片，由若干参与者分别保存，并且通过参与者的合作，对分布式存储的各分片进行安全计算，全部分片或达到门限数的分片根据多个份额可重新恢复秘密信息。秘密分享计算量小、通信量较低，构造多方加法、乘法以及其他更复杂的运算有特别的优势，能实现联合统计、联合建模、联合预测等多种功能。

秘密分享是指将秘密以适当的方式拆分，拆分后的每一个份额由不同的参与者管理，每个参与者持有其中的一份，协作完成计算任务（如加法和乘法计算）。单个参与者无法恢复秘密信息，只有若干个参与者一同协作才能恢复秘密消息。由于秘密分享具有计算同态性质，每个参与者可以独立地基于分片的数据进行加法和乘法计算，各个参与者将计算的分片结果发送给结果方进行汇总还原出计算结果，如图 7-9 所示。整个过程中各个参与者不能获得任何秘密信息，结果方只能获取结果信息，因而有效地保护原始数据不泄露，并计算出预期的结果。在秘密共享系统中，攻击者必须同时获得一定数量的秘密碎片才能获得密钥，系统的安全性得以保障。另一方面，当某些秘密碎片丢失或被毁时，利用其他的秘密份额仍能够获得秘密信息，系统的可靠性得以保障。

2．同态加密

同态加密是一种允许在加密之后的密文上直接进行计算，且计算结果解密后和明文的计算结果一致的加密算法。在多方安全计算场景下，参与者将数据加密后发送给统一的计算服务器，服务器直接使用密文进行计算，并将计算结果的密文发送给指定的结果方。结果方再将对应的密文进行解密后，得出最终的结果，如图 7-10 所示。过程中保证计算服务器一直使用密文进行计算，无法查看到任何有效信息，而参与者也只能拿到最后的结果，无法看到中间结果。

按照支持的功能划分，同态加密方案可以分为部分同态加密和全同态加密。部分同态加密是指支持加法或者乘法运算，全同态加密是指同时支持加法和乘法运算的加密算法。当前部分同态加密技术已经比较成熟，但是全同态加密方案在性能方面仍然与实际应用的要求存在一定距离，因此实际应用较少。

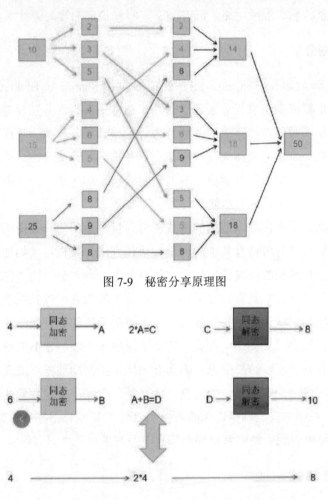

图 7-9 秘密分享原理图

图 7-10 同态加密原理图

3. 不经意传输

不经意传输（Oblivious Transfer，OT）协议由 Rabin 于 1981 年首次提出，

指数据发送方有 n 个数据，数据接收方接收其选定的一个数据，且不能获取其他数据，同时数据发送方无法知道接收方的选择。不经意传输常用于构造多方安全计算协议，是 GMW 协议、混淆电路设计、乘法三元组的基础构件，还可用于实现隐私集合求交（Private Set Intersection，PSI）、隐私信息检索（Private Information Retrieval，PIR）等多种多方安全计算功能。

不经意传输是一种可保护隐私的双方通信协议，消息发送者从一些待发送的消息中发送某一条给接收者，但并不知道接收者具体收到了哪一条消息。不经意传输协议是一个两方安全计算协议，协议使得接收方除选取的内容外，无法获取剩余数据，并且发送方也无从知道被选取的内容，如图 7-11 所示。不经意传输对双方信息的保护可用于数据隐私求交场景。通过不经意传输，参与双方不能获取到对方的任何数据信息，结果方仅仅只可以获取到交集数据。

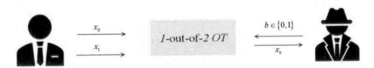

图 7-11　不经意传输原理图

4．混淆电路

混淆电路（Garbled Circuit，GC）协议的思想起源于姚期智院士针对"百万富翁"问题提出的混淆电路解决方案，因此也被称为"姚氏电路"。混淆电路使用布尔电路构造安全函数计算，保证一方输入不会泄露给其他方，并能指定计算结果由哪方获得或者是两方以分片形式共有。该技术可实现各种计算，常用于通用计算场景，通信量大但通信轮数固定，适用于高带宽、高延迟场景。

混淆电路是双方进行安全计算的布尔电路。混淆电路将计算电路中的每个门都加密并打乱，确保加密计算的过程中不会对外泄露计算的原始数据和中间数据。双方根据各自的输入依次进行计算，解密方可得到最终的正确结果，但无法得到除结果以外的其他信息，从而实现双方的安全计算，如图 7-12 所示。

5．零知识证明

零知识证明指的是证明者能够在不向监控者提供任何有用信息的情况下，使验证者相信某个论断是正确的。零知识证明实际上是一种涉及双方或更多方的协议，即双方或更多方完成一项任务需要采取的一系列步骤。证明者需要向验证者证明并使其相信自己知道或拥有某一消息，但证明过程不向验证者泄露任何关于被证明消息的信息。例如，网站将用户密码的 Hash 散列值储存在 Web 服务器中。为了验证客户端是否真的知道密码，要求客户端输入密码的 Hash 散列，并将其与储存的结果进行比较，如图 7-13 所示。

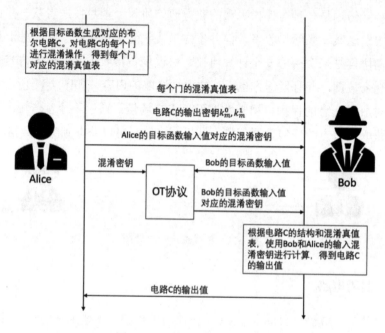

图 7-12　混淆电路原理示意图

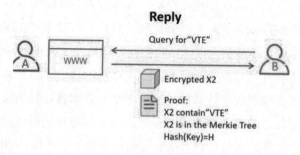

图 7-13　零知识证明原理图

6. 差分隐私

差分隐私（Differential Privacy，DP）旨在提供一种当分析数据时，最大化数据分析的准确性，同时最大限度减少识别其记录的方法。该技术通过在数据或者计算结果上添加一定强度的噪声，以此来保证用户无法通过数据分析结果推断出数据集中是否包含某一特定的数据。根据添加噪声的对象不同，差分隐私可以分为本地差分隐私和计算结果差分隐私。本地差分隐私是在数据分析前在数据中添加噪声，而计算结果差分隐私则是在数据分析完成后对分析结果添加噪声。

7.3.2　联邦学习

联邦学习（Federated Learning，FL），又名联邦机器学习、联合学习、联盟学习等。联邦学习是一种隐私保护的分布式机器学习技术，在本地原始数据不出库的情况下，通过对中间加密数据的流通与处理来完成多方联合的机器学习训练，主要支持实现联合建模和联合预测等场景。其特征如下：

1. 数据不动模型动，数据可用不可见

联邦学习是针对传统的基于明文数据进行人工智能模型训练存在泄露训练数据隐私问题而提出的，通过对各参与方的模型信息交换过程增加安全设计，使得构建全局模型既能确保用户隐私和数据安全，又能充分利用多方数据，是解决数据孤岛和数据安全问题的重要框架。"数据不动模型动，数据可用不可见"是核心理念，支持联邦特征工程、加密 ID 匹配对齐、联邦模型训练和推理等能力，如图 7-14 所示。

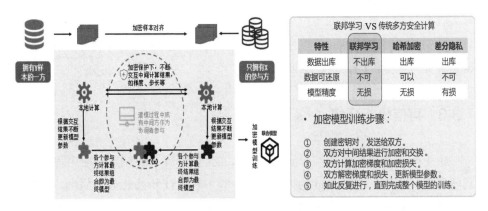

图 7-14　联邦学习技术特征

2．平衡的"数据安全—计算效率—交互效率"

相较于基于多方安全计算的解决方案，联邦学习采用了符合应用需求的、平衡的"数据安全—计算效率—交互效率"技术方案。

首先关注的是安全性，对隐私和数据的保护能力。其次是关注模型性能，强调数据的规模和模型的规模。然后是交互效率，因为一般地，联邦学习需要不同机构之间的合作，需要跨公网进行消息交互，交互效率会影响模型训练所需的时间、在线预测的延迟等。

联邦学习在保障用户隐私和数据安全的前提下，提高计算和交互效率，并保证联邦学习训练的模型的性能与集中训练获得的模型的性能一样，同时由于获得了多方不同角度的数据而使得训练效果更佳。

3．集中式和分布式网络拓扑架构

有效协调不同数据参与方协同构建模型，是联邦学习的一项主要工作。根据协调方式的不同，联邦学习从拓扑架构的角度，可分为集中式拓扑架构和分布式网络拓扑架构。

集中式拓扑架构，一般存在一个聚合各方本地模型参数信息的中心计算节点，该节点经过联邦平均等相应算法更新后，将结果返回各方。中心节点既可独立于各参与方的第三方服务器，也可是某一特定的参与方。该方式易于设计与实现，且易立足于中心节点做安全管控，效率更高，但在一定程度上存在安全风险，例如泄露隐私的嫌疑，或者遭受恶意攻击的可能性更大且破坏性更强。

分布式网络拓扑结构，也称对等式网络拓扑结构，不存在中心节点，各参与方在联邦学习框架中的地位平等。相比集中式来说，分布式安全性更高，但分布式需要平等对待联邦学习中的每一个参与方并能够使所有参与方有效更新模型并提升性能，因此设计难度较大。

7.3.3　可信执行环境

由于操作系统的复杂性、安全漏洞、安全机制容易被绕过、应用程序间的弱隔离性、操作系统对 App 的控制能力等脆弱性设计和被 Root、病毒、蠕虫、木马和间谍软件等安全威胁的存在，把用户认证、移动支付等高安全等级应用和其他应用运行在同一个操作系统中无法保证其安全性，把用户指纹、证书等机密数据和普通应用数据保存在同一个操作系统中也无法保证其机密性、完整性和可用性。

为此，业界提出了 TEE（Trusted Execution Environment）可信执行环境的设计。简单来说，就是在目前常规操作系统 REE（Rich Execution Environment）之外，建立一个专门为高安全应用运行的操作系统 TEE。一般称 REE 为 Normal World，TEE 为 Secure World。TEE 和 REE 各自运行独立的操作系统，它们共享设备硬件但又互相隔离，比如把 CPU 按核或按时间片分配给两个操作系统，TEE 和 REE 各自拥有独立的寄存器、内存、存储和外设等。

TEE 通常用于运行高安全需求操作、保护敏感数据、保护高价值数据等，如：

- 高安全需求操作：如安全键盘密码输入、指纹输入、用户认证、移动支付。
- 保存机密敏感数据：如用户证书私钥的存储、指纹数据存储。
- 内容安全：如DRM（数字版权保护）等。

TEE 的"安全"体现在，TEE 提供了一个与 REE 隔离的环境保存用户的敏感信息，TEE 可以直接获取 REE 的信息，而 REE 不能获取 TEE 的信息，其技术特征如图 7-15 所示。当用户付款时，通过 TEE 提供的接口来进行验证，以保证支付信息不会被篡改、密码不会被劫持、指纹信息不会被盗用。在 TEE 上运行的应用叫作可信应用（Trusted Application，TA），可信应用之间通过密码学技术保证它们之间是隔离开的，不会随意读取和操作其他可信应用的数据。另外，可信应用在执行前需要做完整性验证，保证应用没有被篡改。

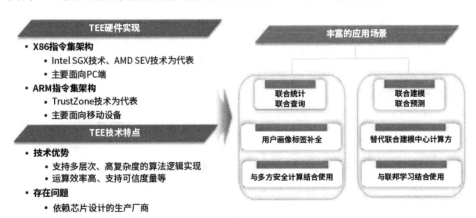

图 7-15　可信执行环境技术特征

　　主流 TEE 技术以 Intel SGX 技术和 ARM TrustZone 技术为代表。Intel SGX 技术为一组预置在 Intel 芯片内的用于增强应用程序代码和数据安全性的指令。开发者使用 SGX 指令将计算应用程序的安全计算过程封装在一个飞地（Enclave）容器内，从而保障代码和数据的机密性和完整性。而 ARM TrustZone 对原有实现架构进行修改，在处理器层次引入两个不同权限的保护域——安全世界和普通世界，任何时刻下，处理器仅在其中的一个环境内运行，如图 7-16 所示。

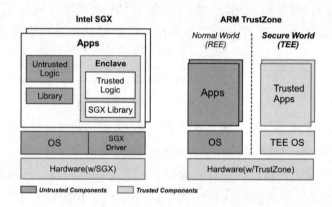

图 7-16　可信执行环境（SGX 和 TrustZone）

　　TEE 具备支持多层次、高复杂度的算法逻辑实现，运算效率高以及可信度量保证运行逻辑可信等特点。然而，TEE 由于依赖于 CPU 等硬件实现，必须确保芯片厂商可信。同时，TEE 对服务器型号限制较大，其功能性和性能等均受到硬件限制，如 Intel SGX 仅提供 128/256 MB 的安全内存，并且要求将 Intel 作为验证信任根等。

　　究其本质，可信执行环境是一个安全区域，它通过隔离的执行环境，提供一个执行空间，该空间相比 REE 侧操作系统有更强的安全性，比安全芯片功能更丰富，提供其代码和数据的机密性和完整性保护。隔离是可信执行环境的第一属性。

7.3.4　区块链技术辅助隐私计算

　　随着技术的不断发展，区块链从一种防篡改、可追溯、共享的分布式账本管理技术，转变为分布式的网络数据管理技术，利用密码学技术和分布式共识协议保证网络传输与访问安全，实现数据多方维护、交叉验证、全网一致、不易篡改。隐私计算虽然实现了在多方协作计算过程中对于输入数据的隐私保护，但是原始数据、计算过程和结果均面临着可验证性问题。而区块链因其共享账本、智能合约、共识机制等技术特性，可以实现原始数据的链上存证核验、计算过程的关键数据和环节的上链存证回溯，确保计算过程的可验证性。因此将区块链技术对计算的可信证明应用到隐私计算中，可以在保护数据隐私的同时增强隐私计算过程的可验证性，如图 7-17 所示。

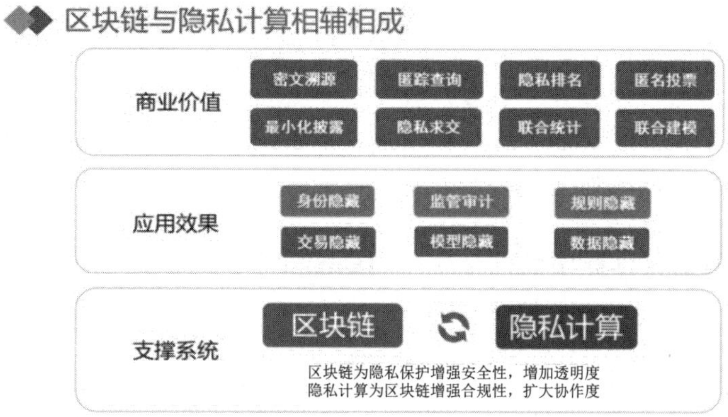

图 7-17 区块链与隐私计算关系

区块链将成为隐私计算产品中必不可少的选项，在保证数据可信的基础上，实现数据安全、合规、合理的有效使用。主要体现在以下方面。

1. 安全密钥管理与可信身份认证

实现安全灵活的密钥管理体系，主要功能包括：

● 基于区块链隐私计算实现的密钥分发功能，降低密钥中心化存储的安全风险。

● 基于区块链隐私计算实现的密钥协商功能，通过区块链公开传输密钥材料并进行身份核验，可防止中间人攻击和丢包攻击。

● 基于区块链隐私计算实现的多重签名及组装验签功能，各参与方使用自身私钥和群签名完成签名并将签名分片发送给组织方，同时组织方根据收到的全部签名分片计算得到最终的多重签名并可根据群公钥验证其有效性，从而增强数据协作的安全性和效率。

● 基于区块链隐私计算实现的分布式身份和可验证声明功能，可使数据资产标准化并授权可控，结合数字签名和零知识证明等技术，可以使得声明更加安全可信，实现精细化的权限管控。其次是解决数据共享参与者身份及数据可信问题，参与者身份不可靠可能会在隐私计算过程中合谋推导出其他参与者的隐私数据，或者在计算过程中提供假数据参与计算，造成非预期的计算结果。

2. 保障隐私计算任务数据端到端的隐私性

通过区块链加密算法技术，用户无法获取网络中的交易信息，验证节点只能验证交易的有效性而无法获取具体的交易信息，从而保证交易数据隐私，并且可按用户、业务、交易对象等不同层次实现数据和账户的隐私保护设置，最大程度上保护数据的隐私性。

3. 保障隐私计算中数据全生命周期的安全性

区块链技术采用分布式数据存储方式，所有区块链上的节点都存储着一份完整的数据，任何单个节点想修改这些数据，其他节点都可以用自己保存的备份来证伪，从而保证数据不被随便地篡改或者是被删除。此外，区块链中所使用的非对称加密、哈希加密技术能够有效保障数据安全，防止泄露。

4. 保障隐私计算过程的可追溯性

数据申请、授权、计算结果全过程链上进行记录与存储，链上记录的信息可通过其他参与方对数据进行签名确认的方式，进一步提高数据可信度，同时可通过对哈希值的验证匹配，实现信息篡改的快速识别。基于链上数据的记录与认证，可通过智能合约，实现按照唯一标识对链上相关数据进行关联，构建数据的可追溯性。区块链与隐私计算结合，使原始数据在无须归集与共享的情况下，实现多节点间的协同计算和数据隐私保护。同时，能够解决大数据模式下存在的数据过度采集、数据隐私保护，以及数据储存单点泄露等问题。区块链确保计算过程和数据可信，隐私计算实现数据可用而不可见，两者相互结合、相辅相成，实现更广泛的数据协同。

7.4　隐私计算应用场景

隐私计算技术可以为各参与方提供安全的合作模式，在确保数据合规使用的情况下，实现数据共享和数据价值挖掘，有着广泛的应用前景。目前，隐私计算技术的应用场景还在不断扩展。

7.4.1　金融行业

在金融行业，数据渠道融合与风险控制是业务实施的重要部分。作为数据隐私安全的重要保障，隐私计算技术在金融领域的应用前景广阔。目前金融机构的三个最重要的业务场景——营销、风控、反欺诈。

1．营销

金融机构利用隐私计算技术，可对运营商、政务、征信等数据实现应用场景所需的价值融合，从而为用户提供聚合金融服务。保险公司将用户基本信息、购买保险、出险赔付和电商、航旅等其他合作方的消费、出行、行为偏好等数据进行安全融合。通过匿踪查询技术可信地获取客户的黑名单、消费能力、画像标签等信息，用于识别消费者的潜在风险等应用。

在构建营销模型中，可通过隐私计算技术，对交互的标签、特征、梯度等数据进行密码学处理，保证密文接收方或外部第三方无法恢复明文，直接基于密文进行计算并获得正确的计算结果，从而达到各参与方无须共享数据资源即可实现联合构建营销模型，进一步丰富用户画像，从而进行精准营销。在高价值用户识别中，可以利用隐私计算技术，通过联合统计、隐匿查询等方式将内部和外部数据进行安全融合，打通多方数据孤岛，利用外部数据更精准地对用户客群进行分类，识别高价值用户，制定更精准的营销策略。

2．风控

联合风控是隐私计算在金融领域的一个重要应用场景。一般而言，用户在本机构的金融业务数据难以满足金融风控的需求，但由于不同机构间数据分散、数据保护等原因，金融机构之间、金融机构与其他行业机构之间的数据融合壁垒较高，"数据孤岛"现象严重，提升了金融机构的风险识别难度，难以降低融资成本。利用隐私计算技术，可以实现跨机构间数据价值的联合挖掘，更好地分析客户的综合情况，交叉验证交易真实性等业务背景，降低欺诈及合规风险，从而综合提升风控能力。

如图 7-18 所示，通过隐私计算中的多方安全计算技术，各金融机构、信息渠道可形成征信系统联盟，各方数据无须离开本地就能提供数据分析服务。

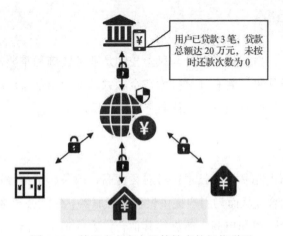

图 7-18　基于多方安全计算技术的征信联盟

3. 反欺诈

电信诈骗有一条完整的灰色产业链，核心动作发生在运营商的通信和银行的支付环节。运营商有大量的诈骗电话样本和通话特征，单个金融机构也有少量的诈骗交易样本。建立反诈骗模型，需要依赖双方的样本数据，具体的诈骗模型有可能比想象得更复杂，比如跨域的时序特征（如诈骗电话和交易发生的时间间隔特征）等。电信反诈骗已经上升到社会问题，单体机构往往猝不及防。现在比较流行的方案是反诈骗联盟，这个联盟可能是多家银行、多个运营商、公安数据等。

7.4.2　医疗健康行业

在医疗健康行业，利用人工智能技术针对病情与病例数据建立机器学习模型并训练，可以提高医疗科研与病情推断的效率，提升医疗服务的精准度。

　　但是由于之前缺乏统筹规划和顶层设计，各地医院的信息系统独立且分散；同时，由于医疗数据属于极度隐私的信息，为了避免出现合规风险，各医疗机构普遍对数据持保守态度，病情与病例数据不允许离院共享，各医疗渠道信息的数据融合难度极大，阻碍了医疗系统的智能化发展。

　　隐私计算技术能够保护数据隐私，有望打破医疗数据孤岛现象，在医疗行业大有可为。比如利用隐私计算中的联邦学习技术，各医疗机构可实现在原始数据不离院的情况下进行联合建模，如图 7-19 所示。事实上，在医疗健康领域，隐私计算技术已经逐步落地。

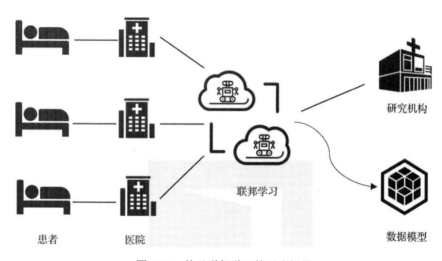

图 7-19　基于联邦学习的医疗场景

7.4.3　政务行业

　　在政务行业，随着数字经济的发展，智慧城市与政务大数据逐步深入人心，各地政府不断加强推动大数据的规划设计，多地政府设立大数据发展局、大数据管理局等相关管理机构。

　　政务数据涉及医保、社保、公积金、税务、司法、交通等方方面面，隐私安全尤为重要，如能利用隐私计算技术打通政务数据、挖掘数据潜能，那么智慧城市建设必将如虎添翼。

　　举例来说，隐私计算技术可以提供政府数据与电信企业、互联网企业等社会数据融合的解决方案，比如可以联合多部门的数据对道路交通状况进行预判，实现车辆路线导航的最优规划，减缓交通堵塞。目前，在一些地方政府的相关规划里，隐私计算技术有望成为下一个应用推广的重点。

未来，隐私计算技术将广泛应用于金融、保险、医疗、物流、汽车等众多拥有隐私数据的领域，在解决数据隐私保护问题的时候，也帮助解决行业内数据孤岛问题，为大量 AI 模型的训练和技术落地提供一种合规的解决方案。

第三篇
大数据技术赋能算力网络

算力网络的规划、建设、维护及优化，离不开大数据技术的支持。

首先，算力网络中产生海量多样数据，例如算网运行的监控数据、算网日志、算网运营数据等，这些数据如何做到实时存入、实时更新、实时读取等，被算力网络中其他组件所使用，湖仓一体技术可以用于解决这些问题。

其次，由于算力网络是由突破空间限制的多节点构成，需要对算网进行统一的数据治理，通过建立全网统一的治理机制、统一的技术规范，打破节点之间的物理壁垒，形成物理分散、能力统一的算网数据治理体系，保障算力网络中跨域、跨节点的融合与协同。而大数据技术中的数据治理能很好地解决这个问题。

最后，算力网络中的数据如何安全地流通，需要隐私计算技术来保证，隐私计算技术通过解决数据链路问题，打开数据通路，让更多数据能够被使用，挖掘数据价值，使算力网络系统更好地运行、优化。

本篇关注大数据技术中的湖仓一体、数据治理及隐私计算，介绍各个技术在算力网络中的应用及如何赋能算力网络，从而保证算力网络的正常运行。

第 8 章

湖仓一体的算网数据中心

本章先描述算力网络中的数据存算需求，提出使用湖仓一体的技术来满足该需求，最后描述算网数据中心的定位及数据在算网运行中发挥的作用。

8.1 算力网络数据存算需求

8.1.1 算力网络中的数据

由于算力网络是一个新兴的概念，目前业内对它的定义还不统一，如图 8-1 是某运营商提出的算力网络体系架构。根据该体系架构，算力网络从逻辑功能上分为算网基础设施层、编排管理层和运营服务层。

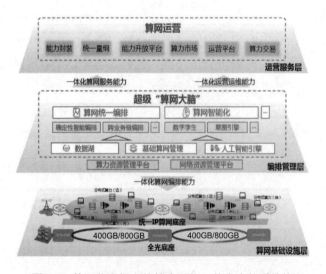

图 8-1 某运营商提出的算力网络一体内生体系结构

如图 8-2 是某运营商提出的算力网络体系架构，包括基础设施资源、管控层及运营层。

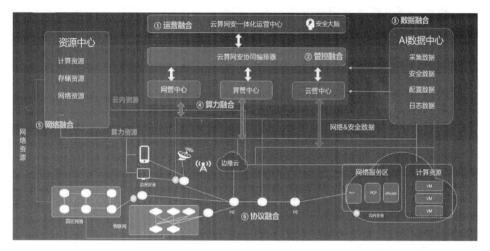

图 8-2　某运营商提出的算力网络架构

综合两种体系架构，对算力网络中的数据进行分析，可以按照两种不同的维度进行分类、按照数据来源分类、按照数据时效分类。

1．按照数据来源划分的数据类型

1）算网运行数据

算网运行数据主要包括：算力数据、网络数据、数据中心运行数据、算网运营数据。

- 算力数据：主要包括算力集群的分布、规模、处理器等静态信息以及各个算力集群的算力变化、使用状况、状态检测等动态信息。
- 网络数据：网络数据包括静态网络数据和动态网络数据。静态网络数据包括网络拓扑信息、带宽等；动态网络数据包括网络连接数、吞吐率、QoS、网络路由等。
- 数据中心运行数据：主要包括各个数据中心的存储状况、存储类型、位置信息等。另外还包括数据中心内的数据分布、数据访问方式等。
- 算网运营数据：如算力的类型、价格、数量、时长等；网络的类型、带宽、价格、时延等系统数据；存储的类型、价格、数量、位置等以及算网运营配置参数、交易数据、用户信息、权限管理等。

这些数据存储在算网运行数据中心中，用于算力网络运行时使用。

2）算网外部数据

数据主要来源是使用算网的企业数据和各种边缘云数据等，这些数据都是来自算力网络以外的数据。

- 企业数据包括结构化、非结构化、半结构化等多种类型，区分冷、热、温，采用不同的方式存储在各个数据中心。
- 各种边缘云数据：包括各个智能终端所产生的数据。

这些数据主要存放在算力网络中已规划好的各个数据中心内，供数据工程师、数据分析师、数据科学家等不同角色使用。

2. 按照数据时效性划分的数据类型

- 静态配置数据：如网络拓扑数据、算力拓扑数据、数据中心拓扑数据等。
- 动态监控感知数据：如任务状态、QoS等状态监控、告警信息、网络状态、算力变化等动态数据。
- 动态日志数据，如任务产生的日志、算力网络系统的日志、网络产生的日志、交易日志信息、编排日志、数字孪生产生的报告等。

8.1.2　数据存算需求

从 8.1.1 节中可以看到，算力网络中的数据来源多、数据不统一。而且基于算力网络的应用、终端用户、企业，其数据的存储方式、格式、类型都不统一，总体来说应该都具有结构化数据、半结构化数据及非结构化数据，而且数据量大，对于数据的写入实效、更新时效、读取时效要求实时、快速。如何通过提供统一的接口，来满足各个服务是一个难题。

对于数据来源为算网运行数据，"算力大脑"根据这些数据来进行统一编排，用于意图感知、泛在调度等。对于这些数据的要求是数据 ETL 快、准确、及时更新。

对于数据来源为企业数据、各种边缘云数据，这些数据的数据量大且不统一，存算需求各不相同。对于企业数据，企业对数据的写入速度、查询性能、存储成本都有各自的要求。边缘云数据中的智能终端产生的数据样式更多，如图片、视频、语音等，可能对数据的存储成本有要求。举例来说，在"东数西算"中，东部的企业在规划自己产生的数据时，会根据业务的需求和数据的属性选择不同的数据中心，而且希望可以设定相关策略，使冷、热、温数据自动分层，从而降低成本。

如何使这些数据能够被统一地管理，满足各种各样的经营需求、成本要求等。传统的数仓和数据湖满足不了算力网络中数据的存算需求。那么，具有 ACID 事务特性、高性能数据治理能力以及数据质量保证的湖仓一体是满足算力网络下存算需求的最好方式。

8.2　湖仓一体技术介绍

8.2.1　湖仓一体技术发展背景

数据仓库从 20 世纪 80 年代开始发展和兴起，它的初衷是为了支持 BI 系统和报表系统，而它的优势也在于此。结构化的数据可以通过 ETL 来导入数据仓库，用户可以方便地接入报表系统以及 BI 系统，同时，它的数据管控能力也比较强。

数据仓库对于数据 schema 的要求非常严格，很多数据仓库甚至也实现了 acid 事务等能力。但是数据仓库对于半结构化数据比如时序数据和日志，以及非结构化数据比如图片、文档等的支持是非常有限的，因此它不适用于类似于机器学习的应用场景。而且一般情况下，数据仓库都是专有系统，使用成本比较高，数据迁移和同步的灵活性比较低。

为了解决上述问题，数据湖的架构应运而生。如图 8-4 所示。

数据湖架构的基础是将原始数据以文件的形式存储在像阿里云 OSS、AWS S3 和 Azure Blob Storage 等对象存储系统上。相比于数据仓库使用的专有系统，使用这些对象

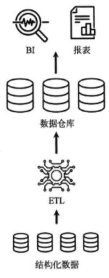

图 8-3　数据仓库

存储的成本比较低。数据湖的另一个优势是能够对半结构化和非结构化的数据提供非常好的支持。因为数据可以以文件的形式直接存储在数据湖之中，所以数据湖在机器学习等场景中的应用就比较广泛。但是它对于 BI 和报表系统的支持比较差，通常情况下需要通过 ETL 将数据转存到实时数据库或数据仓库中，才能支持 BI 和报表系统，而这对于数据的实时性和可靠性都会产生负面的影响。

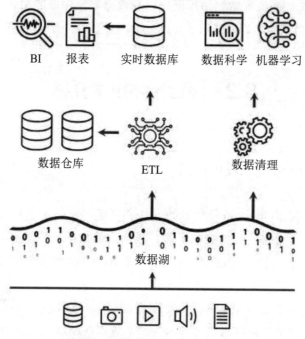

图 8-4　数据湖

综上所述，不论是数据仓库还是数据湖，都无法完全满足用户的需求。

目前许多公司往往同时会搭建数据仓库、数据湖这两种存储架构，以满足不同的用户场景。但是这样会存在以下问题：

● 数据重复：如果一个组织同时维护了一个数据湖和多个数据仓库，这无疑会带来数据冗余。在最好的情况下，这仅仅会带来数据处理的不高效，但是在最差的情况下，它会导致数据不一致的情况出现。

● 报表和分析应用之间的差异：报表分析师通常倾向于使用整合后的数据，比如数据仓库或是数据集市。而数据科学家则更倾向于同数据湖打交道，使用各种分析技术来处理未经加工的数据。在一个组织内，往往这两个团队之间没有太多的交集，但实际上他们之间的工作又有一定的重复和矛盾。

● 潜在不兼容性带来的风险：数据分析仍是一门兴起的技术，新的工具和技术每年仍在不停地出现。一些技术可能只和数据湖兼容，而另一些则又可能只和数据仓库兼容。

湖仓一体的出现试图去融合数据仓库和数据湖这两者之间的差异，通过将数据仓库构建在数据湖上，使得存储变得更为廉价和弹性，同时湖仓一体能够将未经规整的数据湖层数据转换成数据仓库层结构化的数据，有效地提升数据质量，减小数据冗余，实现一个适用于所有场景的统一平台，如图 8-5 所示。

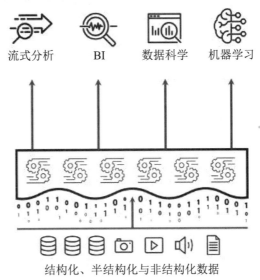

图 8-5　湖仓一体

8.2.2　湖仓一体技术架构

1. 湖仓一体架构

一般来说，湖仓一体系统由 5 层组成：摄取层、存储层、元数据层、API 层、消费层，如图 8-6 所示。

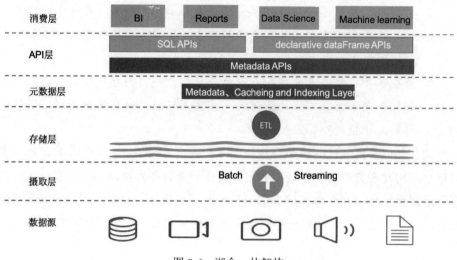

图 8-6　湖仓一体架构

1）摄取层

系统的第一层负责从各种来源提取数据并将其传递到存储层。统一批处理和流式数据处理能力，该层可以使用不同的协议连接一堆内部和外部源，例如关系数据库管理系统、NoSQL 数据库、客户关系管理应用程序、软件即服务（SaaS）应用程序、物联网传感器、社交媒体、文件共享及网站等。

此阶段使用的组件可能包括用于从 RDBMS 和 NoSQL 数据库导入数据的 Amazon Data Migration Service（Amazon DMS）、用于数据流的 Apache Kafka，等等。

2）存储层

湖仓一体系统能够将各种数据作为对象保存在低成本对象存储中，例如 AWS S3。然后，客户端工具可以使用开放文件格式直接从存储中读取这些对象。因此，多个 API 和消费层组件可以访问并使用相同的数据。结构化和半结构化数据集的模式保存在元数据层中，以便组件在读取数据时将其应用于数据。湖仓一体最适合储算分离和云存储库服务，但它们也能够在本地安装，例如通过 Hadoop 分布式文件系统（HDFS）平台。

3）元数据层

元数据层是湖仓一体区别于其他系统的基础组件之一。它是一个统一的目录，为湖存储中的所有对象提供元数据（提供有关其他数据块的信息的数据），并为用户提供实施管理功能的机会，例如：

● ACID 事务确保并发事务看到的数据库版本一致。

- 缓存以缓存来自云对象存储的文件。
- 索引以添加数据结构索引以加快查询速度。
- 零拷贝克隆以创建数据对象的副本。
- 数据版本控制以保存数据的特定版本等。

正如我们前面提到的，元数据层还可以应用 star/snowflake 模式等 DW 模式架构实现模式管理，并直接在数据湖上提供数据治理和审计功能，提高整个数据管道的质量。模式管理包括模式实施和演变功能。模式强制允许用户通过拒绝任何不符合表模式的写入来控制数据完整性和质量。模式演化可以根据动态数据更改表的当前模式。由于数据湖的单一管理界面，还具有访问控制和审计功能。

Databricks 的 Delta Lake 和 Apache Iceberg 等系统已经以这种方式执行了数据管理和性能优化。

4）API 层

这是湖仓一体架构的另一个重要层，它托管各种 API，使所有最终用户能够更快地处理任务并获得更高级的分析。元数据 API 有助于了解特定应用程序需要哪些数据项以及如何检索它们。对于机器学习库，包括 TensorFlow 和 Spark MLlib 在内的一些库可以读取 Parquet 等开放文件格式并直接查询元数据层。同时，DataFrame API 提供了更多优化机会，开发人员可以借助这些机会设置分布式数据的结构和转换。

5）消费层

消费层托管各种工具和应用程序，例如 Power BI、Tableau 等。使用湖仓一体架构，客户端应用程序可以访问存储在湖中的所有数据和所有元数据。组织中的所有用户都可以利用 Lakehouse 执行各种分析任务，包括商业智能仪表板、数据可视化、SQL 查询和机器学习作业。

2．亚信科技湖仓一体解决方案及功能架构

1）亚信科技湖仓一体解决方案

亚信科技湖仓一体的解决方案如图 8-7 所示，该解决方案有以下四个优势。

- 湖仓一体高时效性能力。利用数据湖内的数仓事务性能力，实现在湖内数据分析时，数仓所达到的一致性、准确性、时效性。
- 全量数据低成本存储能力。在保障全量数据都能够存储的前提下，可

大大降低海量数据的存储成本，实现存储资源弹性扩容。

● 跨湖仓的复杂查询能力。屏蔽底层跨湖、仓复杂查询条件，提供统一的标准SQL的关联查询。

● 全面的湖仓运维管理能力。提供对湖和仓统一的自动化安装部署、监控告警及故障快速定位、安全管理等可视化服务，全面兼容社区开源组件。

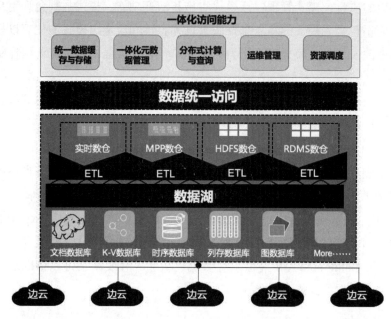

图 8-7　亚信科技湖仓一体解决方案

2）亚信科技湖仓一体功能架构

亚信科技湖仓一体整体的功能架构包括湖仓底座和湖仓中台，如图8-8所示。

● 湖仓中台。实现全量的元数据采集，全量、统一的数据开发及编排，全量数据资产的治理，全量数据共享和API的数据服务，端到端的全量数据安全管理。

● 湖仓底座。实现数据T+0的快速入湖，全量数据统一存储，按需调用计算引擎支撑各类业务计算场景，基于标准SQL语句跨湖、仓的统一数据查询等核心功能。

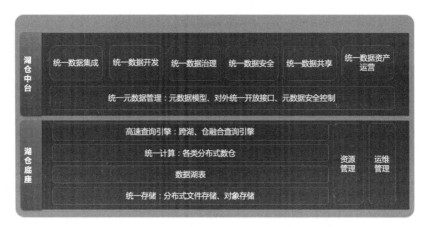

图 8-8 亚信科技湖仓一体功能架构

8.2.3 湖仓一体关键技术

湖仓一体技术本身并不简单,面临的挑战也比较多,以下几个关键技术是湖仓一体方案落地时必须要解决的。

1.跨源数据快速导入

数据接入就是对于不同的数据来源、不同的合作伙伴,完成数据采集、数据传输、数据处理、数据缓存到统一的数据存储位置的过程。

不同数据源接入面临以下几个问题:

- 数据孤岛显现严重。
- 数据格式参差不齐。
- 数据分析时效性弱。
- 数据安全无法保证。
- 数据使用成本过高。

如何解决这些问题,这里列举一些业内常用的方法:通过工具实现统一数据接入存储、数据校验 & 格式转换、实时分析 & 离线分析、数据治理 & 权限控制、OLAP 查询。

1)统一数据接入

统一数据接入,又可以称为物理入湖。用到的技术如图 8-9 所示,主要解决数据孤岛的问题。

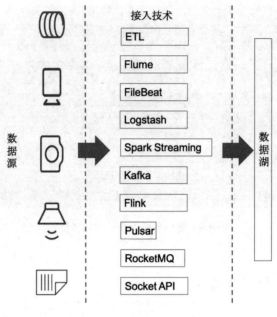

图 8-9 数据源接入技术

● 对于结构化数据，如数据库，可以通过ETL来进行数据的接入。

● 对于半结构化和非结构化数据，可以通过采集器，如Logstash、FileBeats等入湖，也可以通过计算引擎，如Spark Streaming、Flink等入湖，也可以通过队列存储入湖，如Kafka、Pulsar等。

2）格式转换

对于大量的非结构化数据来说，需要将这些数据进行格式转换，才可以进一步地分析及利用这些数据，如图 8-10 所示。

非结构化数据的转换包括表级元数据识别和字段级元数据识别。

● 表级元数据识别：通过对湖内全量文件、增量文件采样，通过逐个匹配CSV、JSON、Parquet等识别器的方式来进行识别，提供根据表头、分隔符、转义、引用组合的策略进行识别。

● 字段级元数据识别：字段的识别使用数据行采样的方式保证准确率。增量文件的Schema变更，比如添加字段、添加分区等，自动更新元数据。

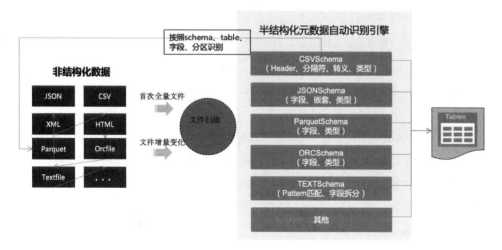

图 8-10　数据格式转换技术

3）准实时分析

准实时分析是指对数据的处理提供分钟级别的延迟响应。Kappa 架构就是其中一种，如图 8-11 所示。

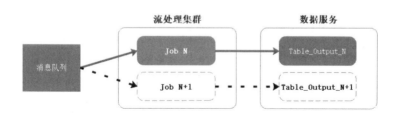

图 8-11　Kappa 架构

这种架构通过消息队列的数据保留功能，来实现上游重放（回溯）能力。当流任务发生代码变动时，或者需要回溯计算时，原先的 Job N 保持不动，先新启动一个作业 Job N+1，从消息队列中获取历史数据，进行计算，计算结果存储到新的数据表中。当计算进度赶上之前的 Job N 时，Job N+1 替换 Job N，成为最新的流处理任务。然后程序直接读取新的数据表，停止历史作业 Job N，并删除旧的数据表。

Kappa 架构在选型上，消息队列常选择 Kafka，因为它具有历史数据保存、重放的功能，并支持多消费者。而流处理集群，一般选择 Flink，因为 Flink 支持流批一体的处理方式，并且对 SQL 的支持率逐渐提高，所以可以尽量减少流处理和批处理逻辑代码不一致的情况。对于数据服务，依然是需要实时读写的数据库产品，常见的有 HBase、Hive 等。

4）权限控制

用于保证数据安全的权限控制技术，常见的有 Apache Kerberos、Apache Ranger 等。

（1）Apache Kerberos：Apache Kerberos 是麻省理工学院（MIT）开发的网络认证协议。Kerberos 协议使用密钥密码术为非安全网络提供安全通信。主要优势是强加密和单点登录（SSO）。SSO 允许用户使用一个用户标识和密码访问系统和服务。使用 Kerberos SSO，系统仅会提示用户一次提供其用户标识和密码。Kerberos 作为称为密钥分发中心（KDC）的第三方受信任服务器运行。网络上的每个用户和服务为主体。KDC 具有三个主要组件：

● 认证服务器，用于执行初始认证以及针对用户发出授予凭单的凭单。

● 凭单授予服务器，用于发出基于初始授予凭单的服务凭单。

● 其所维护的所有用户和服务的凭单密钥的主体数据库。

Kerberos 使用密码凭单避免传输纯文本密码。用户主体从 Kerberos KDC 获取授予凭单的凭单，并提供这些凭单作为其网络凭证以获取对服务和界面的访问权。Kerberos 主要提供了对服务访问权限的限制。不能提供表级别细粒度的权限控制。

（2）Apache Ranger：Apache Ranger 是 Hadoop 生态系统中的统一安全管理框架，由 hortonworks 开源，将每个组件的安全逻辑交由 Ranger 实现。Apache Ranger 提供一个集中式安全管理框架，并解决授权和审计。它可以对 Hadoop 生态的组件如 HDFS、YARN、Hive、HBase 等进行细粒度的数据访问控制。通过操作 Ranger 控制台，管理员可以轻松地通过配置策略来控制用户访问权限。它主要提供了如下几方面的能力：

● 统一权限：基于PBAC（Policy-Based Access Control）的访问权限模型，通用的策略同步于决策逻辑，支持HDFS、Hive、YARN、Kafka等组件的权限管控，并支持插件的扩展接入。

● 统一审计：之前的组件审计日志是保存在audit.log中，Ranger支持通用的用户访问日志审计，支持本地文件和ElasticSearch两种审计日志存储介质。

● 统一管理界面：统一的用户管理、策略管理、日志审计页面。

● 高可靠、高性能：支持RangerAdmin双主，任一故障后不影响Ranger功能，并通过FI Manager页面的Load Balance能力，使用户访问负载较小的RangerAdmin页面。组件将策略下载到本地，可通过下载到本地的策略来进行安全管控，不会因为Ranger服务异常受影响，此时不能更新策略。

5）降低数据成本

对于如何降低数据成本，业内常见做法就是冷热数据分离、数据压缩、数据生命周期管理及增量处理等。

● 冷热数据分离：亚信科技大数据平台提供了冷热数据分离的功能，如图8-12所示。通过配置冷热数据策略，自定义冷热数据转化的规则，按照规则对数据自动转换。

➤ 需要转换的数据量约为：600MB，以三副本存储，每天数据占用：1.8GB存储空间。

➤ 冷热数据转换每天启动，使用策略XOR-2-1-1024k，即2个数据块，1个校验块。转换数据量为：600MB，转换后占用存储为900MB，节省900MB。

图 8-12　亚信科技大数据平台的冷热数据分离

● 数据压缩：压缩技术能够有效减少底层存储系统（HDFS）的读写字节数，提高了网络带宽和磁盘空间的效率。在Hadoop下，尤其是数据规模很大和工作负载密集的情况下，使用数据压缩显得非常重要。压缩格式包括：DEFLATE、Gzip、bzip2、LZO、Snappy等。目前MR、Spark都支持数据压缩技术。

● 数据生命周期管理：数据生命周期管理（Data Life Cycle Management，DLM）是一种基于策略的方法，用于管理信息系统的数据在整个生命周期内的流动：从创建和初始存储，到最终过时被删除，即指某个集合的数据从产生或获取到销毁的过程。用户可通过设定数据生命周期管理策略，定期自动清理无用数据，释放存储空间，从而降低数据成本。

● 增量处理：将传统数仓中的全量数据变为增量数据，按照时间线记录数据的操作和变化。在此基础上构建全量数据视图、增量视图等，从而减少数据量、降低存储成本。

2. 存算分离能力

在传统的 Hadoop 生态中，存算是一体的，存算一体的架构如图 8-13 所示。

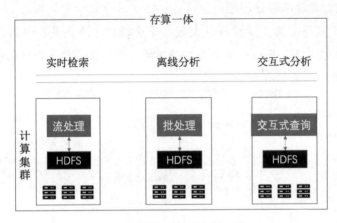

图 8-13 亚信科技的存算一体

在单机吞吐量和集群网络带宽不高的情况下，存储和计算在一起，将计算的代码移动到数据所在的地方，而不是将数据传输到计算节点，这种方式可以产生更少的数据迁移，降低机器间、机柜间的网络带宽消耗，有效解决了分散在各个弱连接的存储节点间的海量数据访问的困难。

但是经过十几年的发展，随着海量负载和大数据用例的出现，单一 Hadoop 集群的规模变大，多个 Hadoop 集群需要同时支撑不同的业务。因此在存储和计算耦合架构下，大数据集群面临两个重要问题。

● 成本高：由于存算一体，计算资源和存储资源是按某一比例强绑定，系统扩容必须按节点数目增加，导致内存或磁盘的浪费。另外由于使用三副本的数据存储模式，在大集群（100+节点、PB 级别）下将造成高昂的存储成本。

● 资源利用率低：由于多个 Hadoop 集群承接不同的工作负载，随着支撑业务需求的波动，系统负载出现峰谷，然而存算一体的架构导致各集

群的资源完全独立隔离不能共享（跨行业的存算一体架构下的Hadoop
集群平均资源利用率在25%以下）。

所以存算分离越来越被业内认可。存算分离架构如图 8-14 所示。

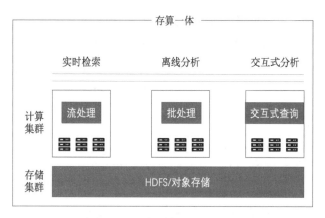

图 8-14　亚信科技的存算分离

亚信科技的大数据平台所实现的存算分离技术架构如图 8-15 所示。

该架构提供了分布式对象存储，解决 HDFS 小文件及扩展性问题，基于对
象存储架构支持超过 100 亿对象，并实现结构化、非结构化及半结构化文件的
统一存储。

在湖仓一体中，如果做不到完全存算分离，湖仓一体就会流于形式，并不
能解决目前数据湖和数据仓库的痛点。

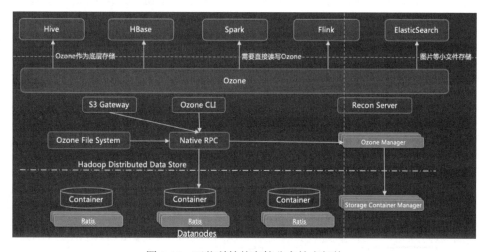

图 8-15　亚信科技的存算分离技术架构

3．统一元数据管理

统一元数据管理，就是要实现统一数据资产视图、多引擎统一可视，数据无须单独映射，元数据传统大数据大多以 MetaStore 进行元数据管理，以 Thrift API 方式对外提供元数据管理能力，且仅针对 Hive 生态相关元数据。湖仓一体的元数据管理，不仅仅需要兼容 Hive MetaStore API，支持 Hive 生态，还需要以其他方式，如 RESTful API 等与外部服务形成对接，打造统一的数据视图。这是湖仓一体的关键实现，具体架构如图 8-16 所示。

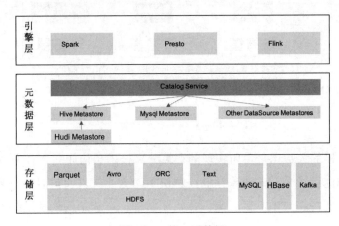

图 8-16　统一元数据

整个架构分为三部分，包括引擎层、元数据层、存储层。元数据层对外提供统一的元数据视图，可无缝对接多个计算引擎。Hudi Metastore 作为数据湖元数据管理系统，可完全兼容 Hive Metastore，元数据层的 Catalog Service 接收来自引擎层的访问请求，按规则路由到不同的 Metastore 上。元数据层通过 Catalog Service 屏蔽底层多 Metastore 的异构性。

4．跨源分析查询

跨源分析查询是指基于统一元数据，支持多种引擎间数据的统一查询和分析。跨源分析中首要问题是如何实现多源异构化 SQL 分析，主要难点有以下几点。

（1）一条 SQL 访问多个异构数据源：要实现这个目标，降低客户使用大数据的门槛，简而言之要做 4 个"一"：一个 SQL 语句、一个元数据模型、一个访问入口、一个鉴权体系。既要实现对多源异构数据的统一 SQL 查询和分析，又要保持与传统数据库的 SQL 语法体验一致。

（2）跨源保障高性能：在跨源访问方面，要解决两个关键问题。

● 如何尽可能地降低被访问的数据源的出口数据量和数据传输损耗。

● 如何尽可能地降低跨源 SQL 引擎的计算工作量和导入数据量。

（3）数据源信息可自定义、可实时刷新、关键敏感信息自动加密：这一点的必要性对于业务管理员来说不言而喻，但是往往被开源社区或尚未达到商用水平的跨源引擎所忽略。要做好这一点，需要从部署、元数据管理、服务化等多个角度进行建设。

总之，跨源查询要让业务用户的使用体验与传统的 OLAP 引擎体验保持一致。目前开源社区的 Presto 及 OpenLooKeng 支持跨源分析查询。Presto 支持的数据源包括 MySQL & PostgreSQL、Cassandra、Kafka、Redis 等。

5．跨域协同计算

跨域协同计算包括支持跨域场景、重点跨域统一认证、统一资源管理、跨域任务调度、跨域数据传输和同步、统一数据开发治理等。

在跨域协同计算时，临时性任务多，需灵活敏捷的 SQL 化跨域协同能力，以较小的数据成本和较短的耗时协同分析散落在不同机房、不同数据中心、不同数据源的数据，要求有如下特点。

（1）一条 SQL 语句跨地域执行。

业界现有的一些跨域协同方案并不是以 SQL 语句来实现的，而是在 SQL 引擎之上建设的一层非 SQL 接口的任务调度框架。这类实现方案技术难度较低，但是对于业务用户来说使用复杂、灵活性差，不可避免地存在多次数据落盘和拷贝，实时交互式查询场景无法满足时效性要求。

通过一条 SQL 语句实现跨地域分布式执行，从技术角度看，带给了业务用户优秀的用户体验和极低的学习门槛，接口简单、扩展灵活。相应地，跨域协同 SQL 引擎本身就必须要克服一系列由此产生的困难与挑战。

（2）提供近似本地的使用体验。

要实现跨域 SQL 访问，需要考虑以下主要限制条件。

● 网络条件：跨域要面临的网络条件往往要比本地网络条件恶劣很多倍，客户经常碰到如高时延、低带宽、网络抖动、网络代理瓶颈、网段隔离等挑战。

● SQL语法：如何在SQL语句层面很方便地表达出想要访问的数据中心下面的

数据源的表？如何确保跨域SQL语句写法能够与本地SQL语句无缝衔接。

● **数据与系统安全**：如何确保本地域以外的SQL用户只能感知到本地管理员对外开放的数据列表？如何做到本地域的计算资源、网络资源不被外部SQL请求所耗尽。

网络问题直接关系到跨域协同的性能体验；SQL 语法直接关系到跨域联邦 SQL 能否易落地、易被业务用户所接受；数据与系统安全决定了跨源联邦 SQL 引擎能否成功上线。如果跨域联邦 SQL 引擎无法做到高吞吐（单服务 IP 端口达到 1GB/s 的传输能力）、高性能（1000km 距离内 100ms 响应，亿行数据秒级拉取），那么很难认为这个跨域联邦 SQL 引擎达到真实商用水平。

（3）动态感知不同地域的元数据。

在早期的业界跨域方案中经常提到集中管理的全局元数据。这类方案的本质还是依靠中心化的主 SQL 引擎 + 集中存储的中心元数据来实现跨地的数据访问，通过烦琐、复杂的全局元数据采集、汇总来回避、改造传统 SQL 引擎内核所面临的巨大技术挑战。相应地，这类方案上线后，需要持续投入管理运维人力进行跨地域的元数据汇总，每次上线或者下线一个数据中心都会牵一发而动全身，成为一个浩大、旷日持久的改造工程。

为了彻底解决上述方案的弊端，新一代的跨域联邦 SQL 引擎要具备跨域动态感知元数据的能力。客户通过简单部署配置即可直接上线，无须介入类似元数据管理等与业务强耦合的复杂准备工作中。反之，通过修改配置即可让一个 Region/DC 脱离联邦 SQL 查询网络。

8.2.4 湖仓一体开源技术

目前湖仓一体开源主要有三种：Apache Iceberg、Ubers 公司推出的 Apache Hudi 和 Databricks 公司提出的 Delta Lake。

1. Apache Iceberg

1）Apache Iceberg 简介

Apache Iceberg 是一种开放的表格格式，专为巨大的 PB 级表格而设计。表格格式的功能是确定如何管理、组织和跟踪构成表格的所有文件。可以将其视为物理数据文件（用 Parquet 或 ORC 等编写）以及它们如何构建以形成表格之间的抽象层。

该项目最初是在 Netflix 开发的，目的是解决长期存在的 PB 级大表使用问题。它于 2018 年作为 Apache 孵化器项目开源，并于 2020 年 5 月 19 日从孵化器毕业。

其核心思想是在时间轴上记录表在所有时间的所有文件，支持 snapshot，每一次操作都会生成一个新的快照，如图 8-17 所示。

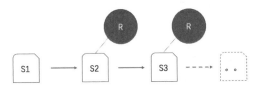

图 8-17　Iceberg 核心思想示意图

2）Apache Iceberg 技术原理

● 数据文件（data files）：数据文件（data files）是Apache Iceberg表真实存储数据的文件，一般是在表的数据存储目录的data目录下。如果我们的文件格式选择的是parquet，那么文件是以.parquet结尾。每次更新都会产生多个数据文件。

● 清单文件（Manifest file）：清单文件其实是元数据文件，其里面列出了组成某个快照（snapshot）的数据文件列表。每行都是每个数据文件的详细描述，包括数据文件的状态、文件路径、分区信息、列级别的统计信息（比如每列的最大最小值、空值数等）、文件的大小以及文件里面数据的行数等信息。其中列级别的统计信息在Scan的时候可以为算子下推提供数据，以便可以过滤掉不必要的文件。每次更新都会产生多个清单文件。

● 清单列表（Manifest list）：清单列表也是元数据文件，其里面存储的是清单文件的列表，每个清单文件占据一行。每行中存储了清单文件的路径、清单文件里面存储数据文件的分区范围、增加了几个数据文件、删除了几个数据文件等信息。这些信息可以用来在查询时提供过滤。每次更新都会产生一个清单列表文件。

● 快照（Snapshot）：快照代表一张表在某个时刻的状态。每个快照里面会列出表在某个时刻的所有数据文件列表。Data files是存储在不同的 Manifest files里面，Manifest files是存储在一个Manifest list文件里面，而一个Manifest list文件代表一个快照。快照的文件格式是json。如图8-18所示。

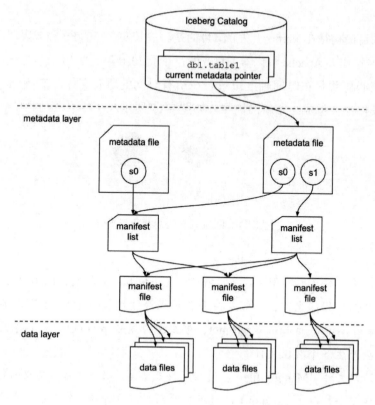

图 8-18 技术原理

3）Apache Iceberg 特性

● 强大的SQL能力：Iceberg支持灵活的SQL命令来合并新数据、更新现有
行和执行有针对性的删除。Iceberg可以急切地重写数据文件以提高读
取性能，也可以使用删除增量来加快更新速度。

● Schema变更：支持添加、删除、更新或重命名，并且Schema的更改不
需要重写表。

● 隐藏分区：Iceberg不需要用户维护的分区列，所以它可以隐藏分区。
分区值每次都会正确生成，并在可能时始终用于加速查询。生产者和
消费者甚至都看不到event_date。最重要的是，查询不再取决于表的物
理布局。通过物理和逻辑之间的分隔，Iceberg表可以随着数据量的变
化和时间的推移发展分区方案。错误配置的表可以得到修复，而无须
进行昂贵的迁移。

- 基于快照的时间追踪和回滚：支持使用完全相同的表快照的可重现查询，或者让用户轻松检查更改。版本回滚允许用户通过将表重置为良好状态来快速纠正问题。
- 数据压缩：支持数据压缩，选择不同的重写策略以优化文件布局和大小。

2. Apache Hudi

1) Apache Hudi 简介

Apache Hudi 是 Uber 在 2016 年以 "Hoodie" 为代号开发，旨在解决 Uber 大数据生态系统中需要插入更新及增量消费原语的摄取管道和 ETL 管道的低效问题。2019 年 1 月，Uber 向 Apache 孵化器提交了 Hudi，从而进一步推进了 Uber 的开源承诺，保证 Apache Hudi 可以在 Apache 软件基金会的开放治理和指导下长期可持续性地增长。

Apache Hudi 代表 Hadoop Upserts and Incrementals，管理大型分析数据集在 HDFS 上的存储。Hudi 的主要目的是高效减少摄取过程中的数据延迟。HDFS 上的分析数据集通过两种类型的表提供服务：读优化表（Read Optimized Table）和近实时表（Near-Real-Time Table）。读优化表的主要目的是通过列式存储提供查询性能，而近实时表则提供实时（基于行式存储和列式存储的组合）查询。

Hudi 是一个开源 Spark 库，用于在 Hadoop 上执行诸如更新、插入和删除之类的操作。它还允许用户仅摄取更改的数据，从而提高查询效率。它可以像任何作业一样进一步水平扩展，并将数据集直接存储在 HDFS 上，整体架构如图 8-19 所示。

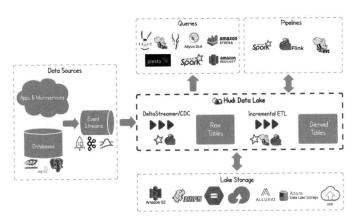

图 8-19　Hudi 架构

2）Apache Hudi 技术原理

● **Copy On Write（COW）**：举一个例子来说明，首先先向Hudi写入5行数据，见表8-1所示。

表 8-1

txn_id	User_id	item_id	amount	date
1	1	1	2	20220517
2	2	1	1	20220517
3	1	2	3	20220517
4	1	3	1	20220518
5	2	3	2	20220518

此时 HDFS 存储如图 8-20 所示，其中 20220517 分区的 3 条数据保存在一个 parquet 文件：fileId1_001.parquet，属于 20220518 分区的 2 条数据则保存在另一个 parquet 文件：fileId2_001.parquet。

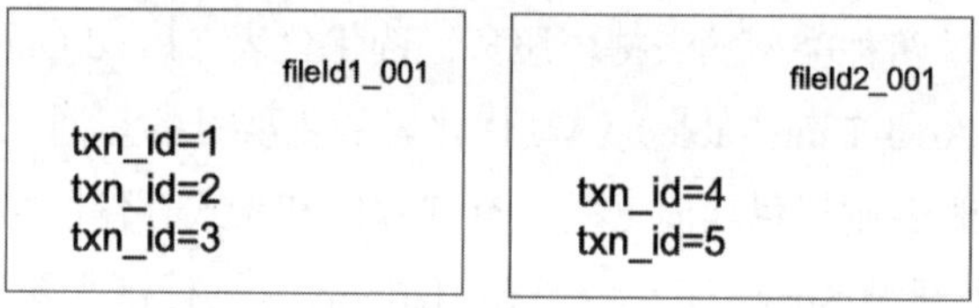

图 8-20　HDFS 存储

然后，再写入 3 条数据，其中 2 条新增，1 条更新。写入的数据见表 8-2。

表 8-2

txn_id	User_id	item_id	amount	date
3	1	2	5	20220517
6	1	4	1	20220519
7	2	3	2	20220519

HDFS 文件结构如图 8-21 所示。

更新到这里就算完成了，那么使用这张表的用户又是如何读到更新以后的数据的呢？Hudi 客户端在读取这张表时，会根据 .hoodie 目录下保存的元数据信息，获知需要读取的文件：fileId1_002.parquet、fileId2_001.parquet、fileId3_001.parquet，这些文件里保存的正是最新的数据，如图 8-22 所示。

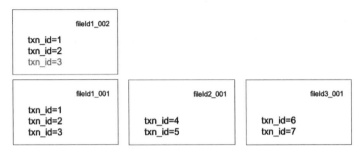

图 8-21　HDFS 文件结构

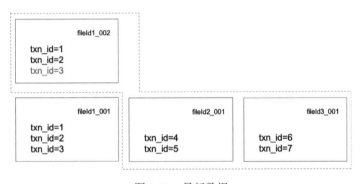

图 8-22　最新数据

- **Merge On Read**：对 Copy On Write 的优化。主要是对写入性能的优化。从上面的例子中可以看到，对于 COW 表，每次更新都会生成一个新的文件，里面包括了更新的数据以及属于同一个文件但没有被更新的老数据，所以这个文件比较大，写入也会比较慢。为了加快写入（主要是 update）的速度，Hudi 引入了 MOR 表，其和 COW 表最大的不同就是，MOR 表在更新时只会把更新的那部分数据写入一个 .log 文件，因为 .log 文件不包含老数据，也不涉及 tagging，又是顺序写入的，所以写入速度会非常快。而当客户端要读取数据时，会有两种选择：

（1）读取时动态地把 .log 文件和原始数据文件（称为 base 文件）进行 merge。

（2）异步地把 .log 文件和 base 文件 merge，如果 merge 还没完成，只能读到上个版本的数据。

无论是哪一种办法，都有利有弊。第一种办法的优点是保证数据最新，缺点是读取的性能较差。第二种办法的优点是读取的性能和 COW 表相同，缺点是异步 merge（称为 compaction）有一定的延迟。这也就是 Hudi 官网上展示的 snapshot query 和 read optimised query 的差异来源如图 8-23 所示。

Following table summarizes the trade-offs between the different query types.

Trade-off	Snapshot	Read Optimized
Data Latency	Lower	Higher
Query Latency	Higher (merge base / columnar file + row based delta / log files)	Lower (raw base / columnar file performance)

图 8-23　snapshot query 和 read optimised query 的差异

- Index：主要用来确定每一条数据之前是否已经插入过，来确定当前操作是 insert 还是 update。有三种 index：Bloom Index、Simple Index、HBase Index。

（1）Bloom Index：实现原理是 bloom filter。优点是效率高，缺点是 bloom filter 固有的假阳性问题，所以 Hudi 对 bloom filter 里存在的 key，还需要回溯原文件再查找一遍。Hudi 默认使用的是 Bloom Index。

（2）Simple Index：实现原理是把新数据和老数据进行 join。优点是实现最简单，无须额外的资源，缺点是性能比较差。

（3）HBase Index：实现原理是把 index 存放在 HBase 里面。优点是性能最高，缺点是需要外部的系统，增加了运维压力。

Index 还有一个概念是 global index 和 non-global index。这两者有什么区别呢？global index 里面存放了一张表里所有 record 的 key，而 non-global index 是每个 partition 都有一个对应的 index，里面只存放了本 partition 的 key。所以如果用户使用 non-global index，就必须保证同一个 key 的 record 不会出现在多个 partition 里面。看起来 global index 比 non-global index 更好，为什么还要有 non-global index？主要是出于 index 的维护成本和写入性能考虑。因为维护一个 global index 的难度更大，对写入性能的影响也更大。

- 事务功能：Hudi 的事务功能被称为 Timeline，因为 Hudi 把所有对一张表的操作都保存在一个时间线对象里面。Hudi 官方文档中对于 Timeline 功能的介绍稍微有点复杂，不是很清晰。其实从用户角度来看的话，

Hudi提供的事务相关能力见表8-3:

表 8-3

特性	功能
原子性	写入即使失败，也不会造成数据损坏
隔离性	读写分离，写入不影响读取，不会读到写入中途的数据
回滚	可以回滚变更，把数据恢复到旧版本
时间旅行	可以读取旧版本的数据（但太老的版本会被清理掉）
存档	可以长期保存旧版本数据（存档的版本不会被自动清理）
增量读取	可以读取任意两个版本之间的差分数据

在上述的例子中，Hudi 在这张表的 timeline 里（实际存放在 .hoodie 目录下）会记录下 v1 和 v2 对应的文件列表。当 client 读取数据时，首先会查看 timeline 里最新的 commit 是哪个，从最新的 commit 里获得对应的文件列表，再去这些文件读取真正的数据。

Hudi 通过这种方式实现了多版本隔离的能力。当一个 client 正在读取 v1 的数据时，另一个 client 可以同时写入新的数据，新的数据会被写入新的文件里，不影响 v1 用到的数据文件。只有当数据全部写完以后，v2 才会被 commit 到 timeline 里面。后续的 client 再读取时，读到的就是 v2 的数据。

需要注意的是，尽管 Hudi 具备多版本数据管理的能力，但旧版本的数据不会无限制地保留下去。Hudi 会在新的 commit 完成时开始清理旧的数据，默认的策略是"清理早于 10 个 commit 前的数据"，如图 8-24 所示。

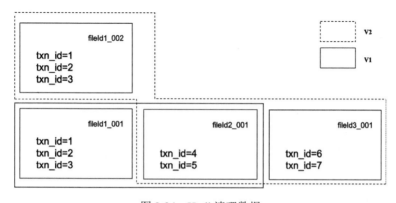

图 8-24　Hudi 清理数据

● 增量查询：这个功能提供给用户"读取任意两个commit之间差分数据"的能力。这个功能也是基于上述的"多版本数据管理"实现的。还是以上文的例子来说明，假设我们想要读取v1→v2之间的差分数据。Hudi会计算出v2到v1之间的差异是两个文件：fileId01_002和fileId03_001，然后client从这两个文件中读到的就是增量数据。值得一提的是：Hudi对每一条数据，都有一个隐藏字_hoodie_commit_time，用于记录commit时间，这个字段会和其他数据字段一起保存在parquet文件里。Hudi在读取parquet文件时，会同时用这个字段对结果进行过滤，把不属于时间范围内的记录都过滤掉。所以fileId01_002里面包含了两条旧数据txn_id=1和txn_id=2，不会被读取。

3）Apcahe Hudi 特性

● 使用快速、可插入的索引进行更新、删除。

● 支持增量查询，记录级别更改流。

● 支持事务、回滚、并发控制。

● 来自Spark、Presto、Trino、Hive等的SQL读/写。

● 自动调整文件大小、数据集群、压缩、清理。

● 流式摄取、内置CDC源和工具。

● 用于可扩展存储访问的内置元数据跟踪。

● 向后兼容Schema演变和实施。

3．Delta Lake

1）Delta Lake 简介

Delta Lake 是 Databricks 公司捐赠给 Linux 基金会，并成为其下的一个正式项目，Delta Lake 是一个开源存储框架，能够与计算引擎及 API 共同构建一个湖仓一体的架构。支持的计算引擎包括 Spark、PrestoDB、Flink、Trino和 Hive。API 支持的语言包括 Scala、Java、Rust 和 Python。在 Delta 架构下，批流是合并在一起处理的，并且能够持续地进行数据处理。Delta Lake 旨在让用户逐步改善 Lakehouse 中的数据质量，直到可以使用为止，如图 8-25所示。

2）Delta Lake 技术原理

● Delta的文件结构：主要由_delta_log目录和数据目录/文件组成。

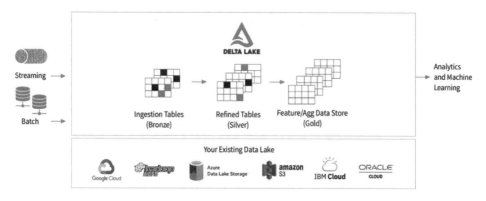

图 8-25　Delta Lake

（1）_delta_log 目录：存储 deltalake 表的所有元数据信息，其中每次对表的操作称一次 commit，包括数据操作（Insert/Update/Delete/Merge）和元数据操作（添加新列 / 修改表配置），每次 commit 都会生成一个新的 json 格式的 log 文件，记录本次 commit 对表产生的行为（action），如新增文件、删除文件、更新元数据信息等；默认情况下，每 10 次 commit 会自动合并成一个 parquet 格式的 checkpoint 文件，用于加速元数据的解析及支持定期清理历史的元数据文件。

（2）数据目录 / 文件：除 _delta_log 目录之外的即为实际存储表数据的文件；需要注意的是，DeltaLake 对分区表的数据组织形式同普通的 Hive 表，分区字段及其对应值作为实际数据路径的一部分，并非所有可见的数据文件均为有效的；DeltaLake 是以 snapshot 的形式组织表，最新 snapshot 所对应的有效数据文件在 _delta_log 元数据中管理；如图 8-26 所示。

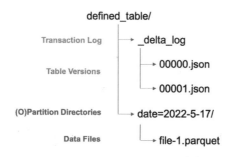

图 8-26　数据组织形式

● 表的构成及其原子性操作：表实际上是一系列操作的结果，比如改变元数据、改变名字、改变Schema、增加或删除一些Partition，还有另外一种操作是添加或者移除文件。所有表的当前状态或者是结果，都是这一系列操作产生的结果。这个结果包含了当前的元数据、文件列表、transaction的历史，还有版本信息。

表操作的原子性是通过保证commit File的顺序和原子性来实现的。比如表的第一个版本增加了两个文件。第二个版本是删除了这两个文件，并增加了一个新文件。对于用户来说，其只能看到当前已经commit的结果。

对于多个写入的并发：Delta Lake用的是乐观并发。

第一步，不管读写，首先要记录下当前用的Data版本。

第二步，如果两个人同时commit，只有一方可以成功，失败的一方需要看一下成功方之前的commit有没有包含要读的文件。

第三步，重做。这个可以是Delta Lake自动去重试，也可以是事务提交方／业务方。

● 大规模元数据的处理：Delta Lake有大量的commit log file，因为每次commit都会产生一个文件，如何解决这种元数据处理？Delta Lake是使用Spark来处理它的元数据。比如刚才的例子，增加了两个文件，删除了两个文件，之后加了一个parquet，之后Spark会把这些commit全部读下来，产生一个新的，称之为Checkpoint。

3）Delta Lake特性

● ACID事务：通过不同等级的隔离策略，Delta Lake支持多个pipeline的并发读写。

● 数据版本管理：Delta Lake通过Snapshot等来管理、审计数据及元数据的版本，进而支持time-travel的方式查询历史版本数据或回溯到历史版本。

● 开源文件格式：Delta Lake通过parquet格式来存储数据，以此来实现高性能的压缩等特性。

● 批流一体：Delta Lake支持数据的批量和流式读写。

● 元数据演化：Delta Lake允许用户合并Schema或重写Schema，以适应不同时期数据结构的变更。

● 丰富的DML：Delta Lake支持Upsert、Delete及Merge来适应不同场景下用户的使用需求，比如CDC场景。

8.2.5　湖仓一体应用场景

1．电信行业应用场景

随着运营商的业务转型，更加聚焦基于网格化的实时精准营销与精益化运营，但当前存在大量个性化、多样化、复杂化的实时业务场景，对大数据平台的性能、实时需求的响应提出更高的要求，迫切需要新技术来大大提升实时业务的处理能力，解决当前的矛盾。

某运营商基于 CRM、上网日志信息及位置信令等信息推广 App。用户信息包括用户轨迹变化规律、用户驻留信息统计、实时统计在某基站（区域内）用户上网详细信息（访问 App、访问时长、流量消耗多少等）。运营商希望将这些实时变化的数据进行多流合并计算，输出为某场景驻留多长时间，访问某 App 时长超过多少分钟，或流量消耗超过多少 M、G 的用户集，整体的延迟要求分钟级。

对于该需求给出了一个解决方案，如图 8-27 所示。

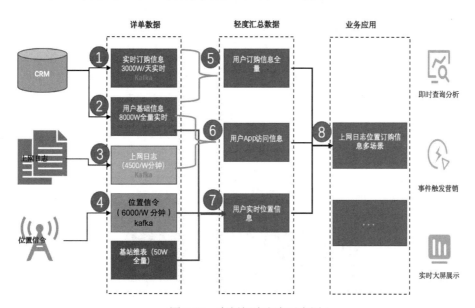

图 8-27　案例解决方案示意图

（1）实时订购信息作为"用户订购信息全量"模型的驱动流。

（2）在批数据的基础上做实时数据的还原。

（3）"用户 App 访问信息"模型的驱动流。

（4）"用户实时位置"模型的驱动流。

（5）用户订购数据与用户基础信息关联生成全量的"用户订购信息表"。

（6）用户基础信息与上网日志关联生成"用户 App 访问汇总信息表"。

（7）用户基础信息与位置信令、基站维表关联生成"用户实时位置信息表"。

（8）以"用户实时位置"模型作为数据主线过滤指定位置的用户信息，关联"用户 App 访问信息"并过滤出访问指定 App 的用户信息后，关联"用户订购信息全量"模型获取指定位置未订购过某 App 的用户，并以此作为精准投放广告的对象。

该方案中用到了 Hudi、Kafka、MySQL 等技术，最后达到了以下效果：

● 处理所有多流实时数据为1亿+/秒的数据量。

● 从实时数据采集，多流关联处理，数据湖表写入，读取及数据更新、插入、删除等操作，到输出目标用户群总体时延在1分钟内。

● 通过标准SQL实现同时跨源如Hudi、MySQL、Kafka的关联查询。

2. 在线教育行业场景

某在线教育机构将大数据中台作为基础系统中台，其架构如图 8-28 所示，主要负责建设公司级数仓，向各个产品线提供面向业务主题的数据信息，如留存率、到课率、活跃人数等，提高运营决策效率和质量。

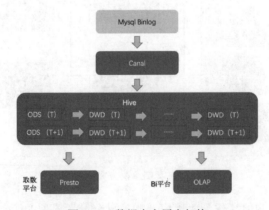

图 8-28　数据中台原有架构

但是该在线教育机构基于 Hive 的离线数仓遇到了以下几个问题。

- ADS 表产出延迟越来越长，由于数据量增多，从 ODS 层到 ADS 层的全链路构建时间越来越长。虽然对于非常核心的 ADS 表链路可以通过倾斜资源的模式来短期解决，但是其实这个本质上就是"丢车保帅"的模式，该模式无法规模化复制，影响了其他重要的 ADS 表的及时产出，如对于分析师来说，由于数据表的延迟，对于 T+1 的表最差需等到 T+2 才可以看到。

- 小时级表需求难以承接。有些场景是小时级产出的表，如部分活动需要小时级反馈来及时调整运营策略。对于这类场景，随着数据量增多、计算集群的资源紧张，小时级表在很多时候难以保障及时性，而为了提高计算性能，往往需要提前预备足够的资源来做，尤其是需要小时级计算天级数据的时候，最差情况下计算资源需要扩大 24 倍。

- 数据探查慢、取数稳定性差。数据产出后很多时候是面向分析师使用的，直接访问 Hive 则需要几十分钟甚至小时级，完全不能接受。

上述问题的根本原因是 Hive 层的计算性能不足。目前的解决方案是引入 Delta Lake，通过优化离线数仓增量更新问题来提高链路计算的性能，架构如图 8-29 所示。

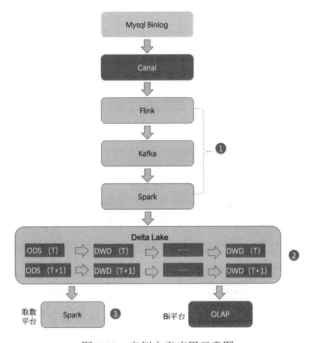

图 8-29　案例方案应用示意图

①由于业务的要求，这一部分实现了流数据转批。

②使用了 Delta Lake，实现湖上建仓。

③使用 Spark 提高了数据的读取能力。

基于 Delta Lake 的解决方案带了以下效果。

- 就绪时间更快：ODS 替换到 Delta Lake 后，产出时间提前了 2 个多小时。
- 能力扩展更广：大数据具备了支持小时全量表的能力，利用 Delta Lake 增量更新的特性，低成本地实现了小时全量的需求，避免了传统方案下读取全量数据的消耗。目前应用到了部分核心业务中来，构建小时级全量表，同时时效性上保障从过去的40分钟降低到10分钟。
- 查询速度提升：通过将分析师常用的数仓表迁移到 Delta Lake 之后，利用 Zorder 实现了查询加速，查询速度从过去的数十分钟降低到3分钟。

8.3　算力网络数据中心的定位及作用

8.3.1　算力网络数据中心定位

算力网络就是搭建一张可以连接算力的网络（算力网），让接入网络的应用（需求侧）可以共享网络中的所有算力资源（CPU、GPU、存储、软件等各种软硬件资源）（供给侧）。其解决的是"连接＋算力＋能力"中的"连接＋算力"问题，即使用底层网络对边、端、云的各级算力进行整合、组织和调度。如何对各级算力进行整合、组织和调度，依赖于整个算力网络中的运行数据，而这些运行数据存储在算网数据中心中。

算网数据中心存储了海量的数据，包括算网运行数据、静态数据如软硬件资源等。算力网络架构中的模块需要从海量数据中挖掘出自己需要的信息，用于不同的目的。只有对算网数据中心中的运行数据进行各种各样的处理，才能及时反应算力网络的状态，准确快速地为需求方提供资源。从这个意义上来讲，算网数据中心就是整个算力网络中基础设施的重要组成部分。算网数据中心是算力大脑做出重要决策的依据，是保障算力网络正常运行的关键组成部分。该章节中的算网数据中心只包括用于存放算力网络相关信息的数据中心，不包括用来存储企业或者边缘云数据的数据中心。

1.算网数据中心是算力网络的基础设施之一

根据联合国发布的《2021 年数字经济报告》,30 年来全球 IP 的每秒流量增加了 1.3 亿倍,全球数据量在 2020 年达到 47ZB,2035 年将增加到 2142ZB,而且 50% 的数据是最近这两年产生的。同样在算力网络中,庞大的数据洪流无时无刻不在产生。算力网络的运行数据不停地变化,算力网络中的其他模块需要持续不断地与算网数据中心打交道,以拿到或者分析相关数据,用于支撑模块功能的完成。算网数据中心对模块起到了支撑的作用。

从数据中心产业链来看,算网数据中心先进技术的突破是整体算力提升的重要抓手。各种服务器和网络设备芯片,如 CPU、FPGA、AI 加速芯片、GPU 等,通过整合多核 CPU、高密度互联 I/O 接口以及大容量高性能存储,以保证高算力、高稳定性以及尽量低的功耗要求等被同时满足,可以说算网数据中心的创新突破、网络设备的升级和调整,可以明显提高虚拟网络的传输效率,为整体算力规模提升提供源头活水,从而为算力网络高质量的发展提供不竭动力。

2.算网数据中心促进数网协同,并促使算力网络资源调度的优化

近年来,在强大的网络能力的支撑下,云计算快速兴起。随着公有云和私有云的不断发展,网络基础设施需要通过优化网络结构确保网络的灵活性、智能性和可运维性,提供差异化的网络服务,更好地满足云计算应用的需求。数网协同是云计算和网络发展到一定阶段的必然结果,也将成为未来一段时间的重点发展方向。

目前可以从几个方面促进数网协同,第一合理进行数据中心布局,夯实数网协同发展的基础;第二通过推动区域数据中心直联,促进区域数字经济发展;第三通过网络扩容和数据中心专线建设,推动三大经济区域数据流动,提高整体的信息化活力;第四通过定向网络直联提高能源富足地区的网络质量,将能源由电力输出转变为算力输出。不管是西气东输,还是南水北调,进行的都是全国性的资源调配。对于数据中心资源也是如此;同时加快本地互联网骨干直联点建设,推动提升多个运营商之间的互访网络质量。第五基于 5G 实现更广泛的网络接入。

在算力网络中,以上提及的五个方面包括数据中心的静态配置、数据中心之间的连接路由、5G 网络的建设等,这些基础设施的数据全部存放在算

力网络的数据中心中。一个统一的算网数据中心，存储着整个算力网络中各个数据中心的相关数据、网络资源。算力网络能够以此在上帝的视角上，实现计算、存储、网络等资源在"云、边、端"灵活调度，并将不同算力需求的业务应用分发到"云、边、端"的算力节点。东部地区的数据资源输送到西部地区的数据中心，需要依托网络进行算力资源调度和数据要素流通，数网协同机制的建立则能够打通供需、优化网络途径、提升跨区域数据调度能力、支撑数据要素的高效流通，基于算网协同的算力网络是盘活算力资源的关键。

3. 算网数据中心是算力网络智能化的关键

算力网络是个高度自治、高度智能化的架构，融合了数字孪生、智能引擎等技术，为上层应用提供无感知的资源供给服务，它提供了算力服务、网络服务、存储服务及交易服务，而这些有用的信息全部存储在算网数据计算中心。

基于算网数据中心，可以促进数数协同，可实现网络、算力调度、产业链、数据要素治理等各方面资源的协同，方便算力网络整合算力资源，对大数据中心进行一体化调度，进一步打通跨行业、跨地区、跨层级的算力资源，构建算力网络的算力服务资源池，提升算力网络的算力服务水平。

基于算网数据中心，可以促进算力网络中的数据中心之间数据的有序流通。基于算力网络数据中心存储的数据中心信息，通过建设数据共享、数据开放等数据流通共性设施平台，建立健全数据流通管理体制机制。构建数据可信流通环境，提高数据流通效率，保证数据的有效流通。

基于算网数据中心，可以追踪记录运营交易全过程，通过算网业务管理（意图感知）、客户一站式开通和算力运营报告等，构建可信算网服务统一交易，支撑交易撮合、多方结算、全程溯源。

基于算网数据中心，可以提供算网自智，在为上层应用提供服务的过程中，依据算网数据中心的数据，模拟当前算力网络真实的网络状况、存储状态、算力状态，推导出当前的选择是否满足上层应用的需求，以此实现算力网络的高度智能化。

8.3.2 数据赋能算力网络运行

1. 算力网络系统中组成模块及其功能

根据中国移动算网技术体系，其中的编排管理层可以归结为 4 个模块：算网编排中心、算网智能引擎、算网管理调度中心、算网数字孪生。其中的服务运营层可以归为算网运营交易中心，算网管理调度中心又可以分为网络调度管理中心和算力调度管理中心。各个模块之间的关系如图 8-30 所示。

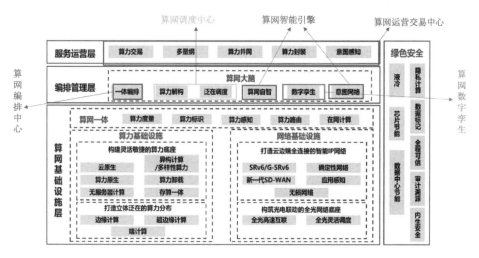

图 8-30 中国移动算网技术体系

算网运营交易中心模块：算力网络的服务和能力提供中心，负责算网业务管理（意图感知）、成本分析（统一定价）、竞价排名、客户一站式开通和算力运营报告，构建可信算网服务统一交易，支撑交易撮合、多方结算、全程溯源。

算网智能引擎模块：通过模型训练和推理服务，为算网系统提供节点能力评估、路径寻优、意图识别、资源调度等 AI 能力，为算网系统提供注智引擎和 AI 服务。

算网编排中心模块：算网编排中心负责算力资源和网络资源统一编排。算网编排中心处于算网体系的中枢位置。北向对接算网运营中心，接受业务编排请求；南向对接网络管理调度中心和算力管理调度中心，分别控制网络资源和算力资源的管理调度。东西向连接算网智能引擎和算网数字孪生中心系统，实现编排注智。

网络管理调度中心模块：负责网络资源的管理调度。北向对接算网编排中心，接受来自网络资源的调度请求；南向对接算网基础设施，发送网络配置请求；东西向连接算网智能引擎和数字孪生平台，实现网络资源调度注智。

算力管理调度中心模块：负责算力资源管理。北向对接算网编排中心和算网交易中心，为算网的调度、编排和管理提供决策数据；南向对接算网基础设施，执行算网编排中心和算网交易中心指令，执行算力节点并网、资源同步和为用户提供算力资源绑定等服务。

算网数字孪生中心模块：算网数字孪生中心根据基础数据和性能数据对算力网络进行孪生，为算网系统提供算网编排评估能力、算网仿真能力等。

各模块间的关系如图 8-31 所示。

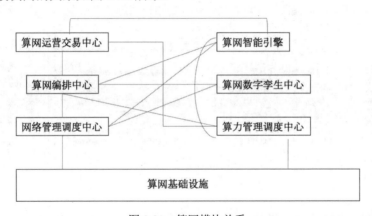

图 8-31　算网模块关系

2. 大数据技术在算力网络中的应用

算网数据中心的数据存放的是没有经过处理的数据以及运行过程中产生的评估报告等，对于这些数据，大部分是不能直接拿来用的，需要经过大数据的处理才能为算力网络的正常运行提供助力。图 8-32 展示了大数据是如何为算力网络赋能的。

数据服务：通过对数据的标准化形成算网数据资产目录，实现企业数据资产一点看全，并通过同步、异步、消息、订阅等多种服务、多种方式提供数据服务。

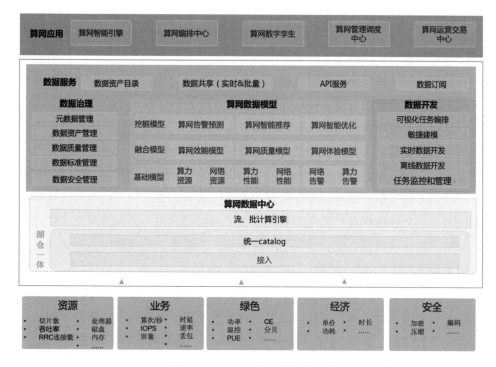

图 8-32　大数据在算力网络的应用

数据开发：提供统一的集成开发环境，通过可视化拖拽方式和自定义脚本开发方式支撑算网场景下的批流一体化开发、测试、监控和管理的全流程支撑。

数据治理：遵循统一的数据管理规范，从数据源、数据处理、数据存储、数据开放的全流程管理数据，完善闭环数据质量管理机制，提升算网数据质量。

数据模型：实现算网数据的分层与水平解耦，通过模型的萃取和沉淀公共的数据模型，实现企业级算网数据资产的融通与沉淀。

算网数据中心：算网大脑的构建离不开数据，通过湖仓一体技术构建存储，实现算网结构化数据、半结构化数据及非结构化数据的存储及处理支撑。算力网络中的数据流入湖仓一体的算网数据中心。在湖仓一体技术之上，形成了统一的 Catalog，引入一些大数据相关的计算引擎。

由此可见，大数据是支撑算网数据的统一归集、汇聚、融合及共享。这些数据被算网编排中心、算网智能引擎、算网管理调度中心、算网数字孪生、算网运营交易中心模块所使用，为算力网络赋能。

3．算力网络模块与算网数据中心的关系

在这些模块中，网络管理调度中心和算力管理调度中心向算网运行数据中心写数据，网络管理调度中心负责网络性能数据的采集和处理及网络拓扑的汇聚和生成。算力管理调度中心负责算力资源数据的采集和处理。

算网数字孪生中心：从算网运行数据中心中读取为算网编排中心提供的算网编排服务评估，为网络管理调度中心提供模拟网络调度评估服务，为算力管理调度中心提供算力调度评估服务，并将相关评估结果放入算网运行数据中心。

算网智能引擎：从算网运行数据中心中读取相关数据，并为算网编排中心提供节点能力评估和路径 KPI 评估模型训练和推理等服务，为算网运营中心提供算网意图识别模型训练和意图匹配等服务，为算力管理调度中心提供调度策略模型训练和算力智能调度等服务。

算网编排中心：读取算网运行数据中心的网络信息、算力信息、拓扑信息等，并进行信息的汇聚、关联，可以生成完整的算网网络拓扑；根据算网运行数据中心的数据，建立、修改和删除算网路径等。集合算力管理调度中心模块、网络管理调度中心模块、算网智能引擎模块、算网数字孪生中心模块提供的数据和服务进行编排，如图 8-33 所示。

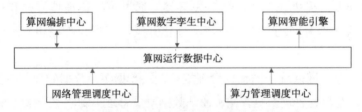

图 8-33 算力网络运行数据中心

数据对各个模块进行赋能，才使得算网更加智能、可靠地运行。

8.4 基于湖仓一体技术的算力网络数据中心

8.4.1 为什么选择湖仓一体技术

湖仓一体技术是一种新型开放式架构，将数据湖和数据仓库的优势充分结合，它构建在数据湖低成本的数据存储架构之上，又继承了数据仓库的数据处

理和管理功能。

数据"湖仓一体"具有以下关键特征。

- 事务支持：在企业中，数据往往要为业务系统提供并发的读取和写入。对事务的ACID支持，可确保数据并发访问的一致性、正确性，尤其是在SQL的访问模式下。

- 数据的模型化和数据治理：湖仓一体可以支持各类数据模型的实现和转变，支持DW模式架构，例如星形模型、雪花模型等。该系统应当保证数据完整性，并且具有健全的治理和审计机制。

- BI支持：湖仓一体支持直接在源数据上使用BI工具，这样可以加快分析效率、降低数据延时。另外相比于在数据湖和数据仓库中分别操作两个副本的方式，更具成本优势。

- 存算分离：存算分离的架构，也使得系统能够扩展到更大规模的并发能力和数据容量。

- 开放性：采用开放、标准化的存储格式（例如Parquet等），提供丰富的API支持，因此，各种工具和引擎（包括机器学习和Python / R库）可以高效地对数据进行直接访问。

- 支持多种数据类型（结构化、非结构化）：湖仓一体可为许多应用程序提供数据的入库、转换、分析和访问。数据类型包括图像、视频、音频、半结构化数据和文本等。

- 支持各种工作负载：支持包括数据科学、机器学习、SQL查询、分析等多种负载类型。这些工作负载可能需要多种工具来支持，但它们都由同一个数据库来支撑。

- 端到端流：实时报表已经成为企业中的常态化需求，实现了对流的支持后，不再像以往一样，为实时数据服务构建专用的系统。

而这些湖仓一体技术的关键特性是算力网络数据中心所需要的。首先，算力网络中的数据来源多样，结构化、半结构化和非结构化数据都有；其次，算网数据中心的数据像网络、算力、存储的状态需要及时、准确地入湖，并且在对这些数据访问时，确保数据并发访问的一致性、正确性；由于算力网络中数据量巨大，存算分离的架构更适合算网数据中心的扩展；算网数据中心需要兼容各种不同形式的数据接入，提供开放、标准化的存储格式及API支持，这对提高上层数据分析工具的访问效率很有优势。最后，算网数据中心需要通过一个统一的 Catalog，支持源数据上使用各种 BI 工具，加快分析效率、降低数据延时。

结合算力网络对算网数据中心的要求和湖仓一体的技术优势，基于湖仓一体技术构建算网数据中心是个比较合理的选择。

8.4.2　算力网络数据中心基于湖仓一体技术的具体实现

算网数据中心存储了用于算网运行的各种数据，包括网络、算力、存储等信息，是算网基础设施的一部分，该算网数据中心是算力网络运行的重要保障。它的重要性要求数据中心的数据必须能够做到及时准确地写入、更新和读取。算网数据中心湖仓一体架构如图 8-34 所示。

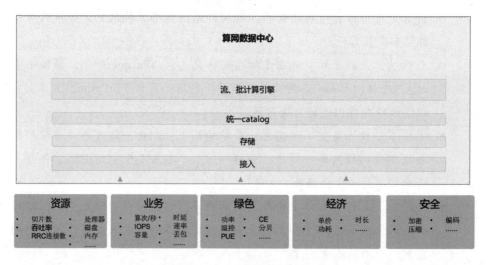

图 8-34　湖仓一体架构

算网数据中心的具体实现分为几个模块：数据接入模块、数据存储模块、统一元数据模块、流批计算引擎模块。

（1）数据接入模块：算力网络中的数据通过 Kafka、SparkStreaming、Flink 等工具流入算网数据中心存储模块，这些数据包括网络管理调度中心将采集到的网络性能数据及网络拓扑信息、算力管理调度中心采集的算力资源数据、算网数字孪生中心产生的评估结果、各个数据中心的信息、数字孪生中心产生的报告等。这些数据通过跨域、跨源的方式接入湖仓一体。如图 8-35 所示。

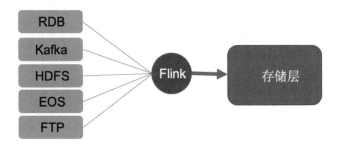

图 8-35　入湖示意图

（2）数据存储模块：实现该模块用到的技术有 HDFS、块存储、对象存储、Apache Hudi、Apache Iceberg、Delta Lake、Alluxio 等，如图 8-36 所示。

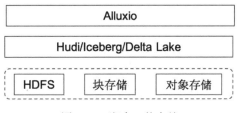

图 8-36　湖仓一体存储

（3）统一元数据模块：该模块用到的技术有 Hive、Presto、SparkSQL、FlinkSQL 等工具。在湖仓一体实时查询，形成统一的 catalog。最后通过统一访问的接口被算力管理调度中心、网络管理调度中心等模块使用，如图 8-37 所示。

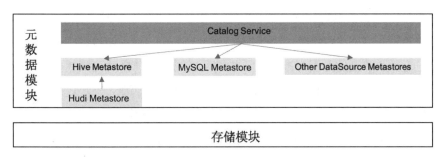

图 8-37　元数据模块

（4）流批计算引擎模块：流批计算引擎包括 Spark、SparkStreaming、Flink 等。基于统一元数据模块，提供离线智能分析、实时智能分析等。

第9章 算力网络中的数据治理

算力网络的构建是多节点之间的协同与交互，由于不同节点的数据治理现状和水平基础并不一定是一致的，这必然会导致各节点之间数据治理不统一的问题，要真正发挥算力网络的能力，就需要对算网进行统一的数据治理，通过建立全网统一的治理机制、统一的技术规范，打破节点之间的物理壁垒，形成物理分散、能力统一的算网数据治理体系，保障算力网络中跨域、跨节点的融合与协同。

9.1 算力网络数据治理需求

算力网络是突破空间限制下的计算能力协同与融合，算力网络的多节点物理布局，让跨域数据治理成为算力协同的重要抓手，不同算力节点的数据治理协同与统一将会是影响算网跨节点计算的重要因素，全算网数据统一治理，才能保障数据在各算力节点自主路由和跨域协同计算，需要遵循统一的数据管理规范、统一多节点的数据标准和质量规则，形成统一的全网跨域数据管理能力。在算力网络中构建统一的跨域元数据管理、跨域质量管理、统一数据标准管理、治理分析、跨域数据运营分析、跨域数据管理服务等核心能力。全面、清晰地梳理算力网络各节点数据资产，对全网的数据进行统一、规范的管理，保证数据质量、充分发挥数据价值。

算网元数据管理需求：元数据管理是算力网络中数据治理的重要基础，需要统一各算力节点的数据治理规则，形成统一的数据治理规则体系，并在相应的治理规则下，通过对各算力节点的元数据进行汇聚和集中纳管，从而实现元数据的统一管理。

算网数据质量管理需求：算力网络跨区域、跨节点的基础特性，需要对基础的质量标准、规则等进行统一，这样才能为全算网的数据治理提供基础规范，如果各算力节点没有统一的数据质量评判规则的话，算网的数据质量问题将杂乱无序、难以管理，进而会影响算力网络的计算效果。

算网数据标准管理需求：数据标准是增强各算力节点对数据统一理解的手段，也是数据治理的重要基础，是对数据的定义、组织、监督进行标准化的过程，为保证数据跨节点计算的可靠协同，需要构建数据标准的全局统一。

算网数据管理需求：算网数据血缘关系、生命周期管理等直接关系到数据开发与运维工作，通过对算网数据生命周期的分析，可以掌握算网内数据资源消耗和数据流转情况，指导数据资源在各节点的运作和调配等，因而需要完善算网数据管理。

9.2 数据治理技术发展

9.2.1 跨域数据治理

算力网络的多节点模式，需要采用分布式数据治理体系来实现对全网数据的统一治理，跨域数据治理成为算网各节点协同的重要抓手，通过构建统一的数据治理规范，遵循统一的数据管理制度、统一多节点的数据标准和质量规则，形成统一的跨域数据治理能力。

如图 9-1 所示，在算力网络中构建统一的元数据管理、数据质量管理、数据标准管理、运营分析服务、数据管理服务、数据开放管理，通过能力体系的建设，满足算网跨域数据的治理需求。

统一元数据管理：算网基于统一的数据治理规则，在相应治理规则下进行各节点的数据统一治理，并将各节点生成的元数据上传到管控中心的数据治理平台，进一步支撑算网的数据治理。算网数据治理要涵盖元数据采集、元数据配置、元数据稽核、版本管理、模型展示、交换共享等元数据管理能力。基于这些能力，并依托中心节点，对各边缘节点的元数据进行汇聚和集中纳管，从而实现元数据的统一管理。

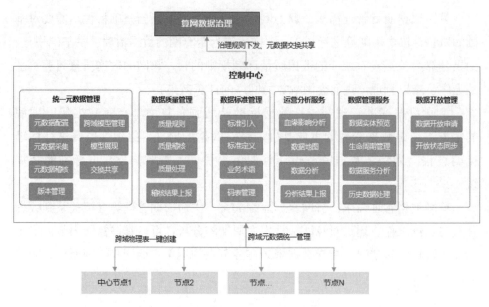

图 9-1 算网跨域数据治理架构

统一数据质量管理：统一各节点的数据标准和规则给算网管控中心，管控中心同步获取标准和规则后，根据算网数据治理的要求，制定质量稽核规则，生成对应的稽核任务，并经由中心节点下发到各边缘节点，各边缘节点执行完稽核任务后，反馈稽核结果给中心节点，最后通过接口上传到算网管控中心，形成对数据质量的闭环管理，实现对各集群数据质量的有效管控。

统一数据标准管理：算网管控中心汇聚各节点已有的数据标准规范，并结合算网数据治理需求和目标，对各标准进行融合和统一，再将统一的数据标准下发到算力网络各节点执行，从而形成数据标准的双向同步和全局统一。

算网数据运营分析：通过对数据加工脚本、系统日志等信息进行解析，梳理出数据在各节点形成的血缘关系及数据与数据之间的影响关系，基于解析后的血缘和影响关系构建数据地图，通过数据地图展示跨域、跨节点数据资产的全貌，对跨域数据的冗余情况、数据使用情况进行分析，实现对算网各节点内全貌数据的运营分析。

数据管理服务：通过对实体预览、数据生命周期管理、数据服务分析、数据操作历史的管理，帮助运维人员及时了解数据跨域管理服务的健康情况。通过对数据生命周期进行分析，掌握数据资源消耗和数据流转情况，指导数据资源在各节点的运作和调配等。分析用户对数据的使用情况，及时发现数据的服务价值，完善数据服务的管理。

　　数据开放管理：基于全网数据资产全貌与目录管理，统一算网各节点数据资源开放能力，形成算网全域资产的统一开放出口，通过制定跨域、跨节点的数据开放申请审批机制，推动数据开放的管办分离和有序可控，让算网的能力分散、管理集中。

9.2.2　调度能力互通与治理应用

1．调度互通协议

　　在常见的多节点协同方面，数据生产各环节有隔离，一般需要人工线下沟通协调对接，常规的两级调度协调方案难以对全环节进行感知和统筹，需要对调度方案进行优化和升级，通过依托 ServiceBroker 协议来构建开放调度协议，基于该协议，开发人员无须编写复杂的通信和消息程序，即可进行跨集群、跨网络、跨厂家、跨团队的全网调度协同，如图 9-2 所示。同时，基于调度互通协议，再借鉴区块链思想，构建去中心化的调度链路，实现调度的"一点接入、全网服务"，实现跨节点的自主组网，对于全网应用而言，调度能力是透明和灵活的。

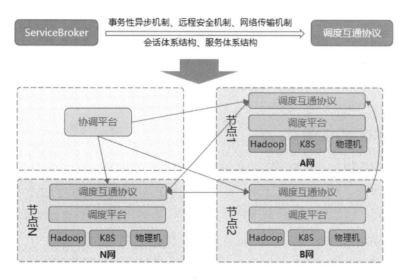

图 9-2　算网调度互通

- 开放调度互通协议，单点接入、全网互通。
- 跨网络、跨集群自主组网，与第三方调度平台的能力互通。
- 跨网络、跨集群任务跟踪与诊断，问题快速溯源。
- 基于协议互联，集群间任务响应更迅速。
- 调度与集群解耦，集群扩容更灵活。

2. 调度自主组网

如图 9-3 所示，算网链路上每个调度节点的接入，会自动将自身注册为调度服务的提供者，通过调度互通协议进行节点信息的发布和路由表更新，将自己发布到链路服务的节点空间 N（N，nodeID），用户可以基于任一调度节点，查找链路上的目标节点的 nodeID，从而直接连接到对应的节点，实现调度自主组网。

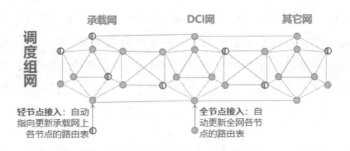

图 9-3　调度自主组网

3. 数据血缘拉通

算力网络中，由于各节点的物理隔离，使得全网数据血缘的拉通需要很多线下人工对接工作，如图 9-4 所示，一般采用写相关的适配程序来建立各节点的血缘链路，这个过程有时是相当烦琐，工作量大、效率低、血缘掌握不全面，面对大规模算力网络，人工处理的方式显然难以支撑和满足。

基于调度互通能力，如图 9-5 所示，可以快速拉通全网数据血缘，省去调研和采集适配等烦琐工作，让血缘汇聚拉通更高效、便捷，从而支撑其算力网络中庞大复杂的数据治理工作。

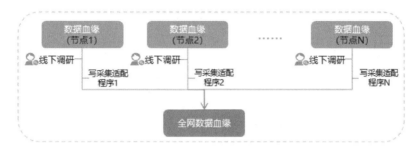

图 9-4　人工血缘拉通

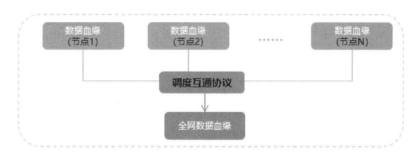

图 9-5　算网血缘互通

4．全网质量稽核

一般在跨节点数据开发过程中，数据质量问题是难以自动稽核的，由于无法感知目标模型的开发状态，需要与一个个节点的调度系统对接，才能感知模型状态，顺利进行稽核，如图 9-6 所示。

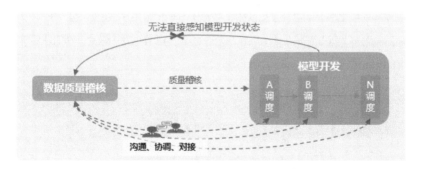

图 9-6　传统跨节点质量稽核

通过互通协议，可快速感知各调度的闲忙情况，及时掌握模型的开发状态，快速定位质量问题点，高效完成质量稽核，如图 9-7 所示。

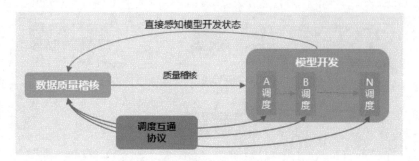

图 9-7　基于互通协议的跨节点质量稽核

5. 任务故障自愈

提升算力网络的故障感知能力，及时发现并定位问题，帮助快速实现任务的修复或重启，对于网络故障导致的两级调度割裂等问题，如图 9-8 所示，可以基于调度互通协议，通过跨节点、跨网络互联，快速构建起新的依赖关系，从而保障原数据治理任务继续平稳运行。

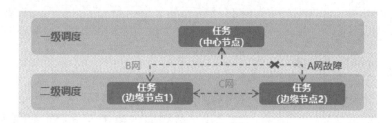

图 9-8　治理任务故障

对于跨节点数据治理任务的故障问题，基于调度互通协议，在多节点之间自主路由，选择跨过故障网络，寻求第三方节点作为中继点，如图 9-9 所示，从而让任务继续平稳运行。

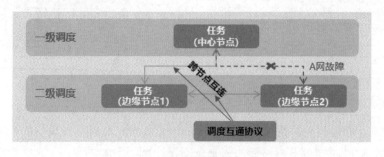

图 9-9　治理任务故障自愈

9.2.3　数据全生命周期安全保障机制

数据是企业经营运转的核心资产，对数据的安全保护关系重大。结合数据生命周期各阶段特点，为算力网络提供数据脱敏、数据加密、数据权限、模型权限、数据完整性保护等能力，为数据提供最大程度的安全保护，通过接口实现对密钥中心密钥的管理，在云端、边缘端提供密钥管理缓存服务，提升加解密效率。通过对数据敏感涉密情况进行定义和梳理、制定相关数据安全处置策略、执行数据侧安全保护措施等，从而对算网数据层进行多方位的安全管控，切实提升数据层的安全性。

在算网数据的规划和设计阶段，对涉密、涉敏数据进行定义、识别，并定义数据安全管控的规则，在数据创建阶段采用规范化、流程化的控制机制进行审核，保障数据的安全生产，在数据存储阶段可根据数据的安全等级不同进行分库、分表存储，对关键涉密或敏感数据进行加密存储，在数据使用阶段要有申请授权等相应的数据使用安全防护措施。通过对数据全生命周期进行安全防护，在保障数据安全的同时兼顾数据应用效能。

如图 9-10 所示，算网管控中心提供数据安全管理核心能力，对算网各集群内的敏感数据进行有效管理。通过对涉密、涉敏数据进行定义和识别，制定数据安全管控的规则，将规则和能力下发，对入库的敏感数据进行加密处理，让敏感数据以密文的形式安全存储。对于访问敏感数据的情况，提供规范流程，有限度、可控制地提供数据解密服务，生成明文供使用，并提供稽核能力，对数据生命周期进行安全管理。

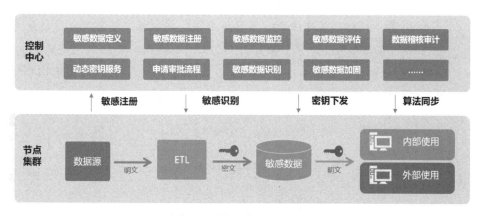

图 9-10　算网数据安全保障

1. 敏感数据定义

敏感数据定义是敏感数据管理和数据安全管控的重要基础，对敏感数据的定义涉及定义范围、基础管理、策略配置、敏感识别等方面，通过对敏感数据多方面的定义，梳理并形成敏感数据的内在体系，为后续的数据安全管控提供基础体系支撑。

2. 敏感数据识别

对于算力网络各节点数据涉敏情况，可通过提供多种数据识别方式，来对算网的敏感数据进行识别，并对识别方式的优先级做配置，从而为算网数据安全保护提供基础。

- 正则表达式：基于正则表达式的数据识别，用于识别特定形态的数据格式。例如手机号、IMEI等。
- 类SQL表达式：便于熟悉SQL语法的用户，产品同时提供类SQL Like语法用于实现数据识别。
- 表结构识别：可以对特定数据库、数据表、数据字段上进行安全定义操作。类似数值类的识别，如员工工资。
- 自定义函数：自定义函数用于实现对特有数据的识别，或者上述方法均不支持的识别方式。例如，内部的特殊交易流水编号的生成方式、支持身份证最后一位校验码识别。
- 样本识别：对于内部特有数据进行样本提取，使用不可逆的加密方式构建在内存数据库中。用户可以使用样本数据对数据中心内的数据进行识别。例如，家庭住址、用户姓名等。样本抽取任务可以通过配置实现，支持单次、每日、每月。

敏感数据识别过程如图 9-11 所示，采集数据后导入定义规则、设定识别任务、执行敏感数据识别过程，并将敏感数据识别结果记录到算网控制中心。

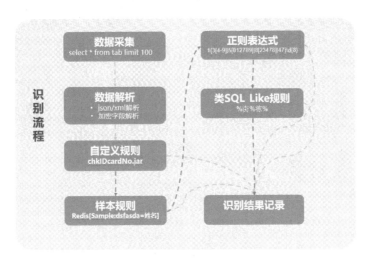

图 9-11 敏感数据识别流程

3．数据脱敏

对各节点集群内的敏感数据，基于脱敏规则进行数据的脱敏处理，从而实现敏感隐私数据的可靠保护。在涉及隐私数据或者其他敏感数据的情况下，利用脱敏算法（包括加密、替换、重排、截断、掩码等）对真实数据进行脱敏改造，从而遮盖数据的真实信息，达到数据脱敏的目的。同时系统也支持根据特定的需求进行脱敏算法的定义，并且支持对外部系统脱敏算法的接入和调用。

4．数据权限

对于算网各节点数据的权限，提供按照用户体系进行统一的精细化管理，对一些特殊要求的数据进行管理时，提供字段级权限控制并执行生效。用户的数据权限策略执行生效后，用户将只能在自己数据权限范围内获取相关的数据使用权限，对于未被授权的数据，用户将不能获取该数据的访问权限。

5．密钥管理

密钥管理是数据安全的重要环节，密钥管理以密钥中心为基础，通过后台调用密钥接口实现对数据的加解密处理。如图 9-12 所示，从密钥的生命周期来看，密钥管理由密钥生成、密钥存储、密钥分发、密钥变更、密钥销毁五块组成。

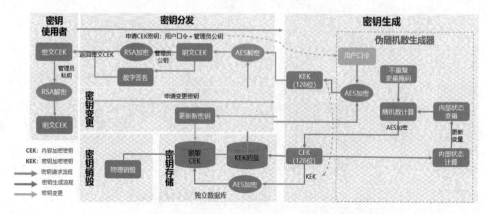

图 9-12　密钥管理

● 密钥生成：需要确保生成的密钥具备随机性、不可预测性、不可重复性。利用伪随机生成机制，生成可靠稳定的随机密钥，保证密钥生成的安全性。其中，内容密钥（CEK）需要加密，密文和密钥（KEK）需要分开独立存储。

● 密钥存储：在密钥生成以后，所有存储的密钥平时都应以加密的形式存放，而对这些密钥解密的操作口令应该由密码操作人员掌握。对当前使用的密钥应有密钥的合法性验证措施，以防止密钥被篡改。同时，在云端和边缘端提供密钥缓存，存放临时动态密钥，便于快速高效的数据加解密处理。

● 密钥分发：分发时需要考虑传输过程中的安全，通过非对称加密算法和数字签名保证传输过程信息不被第三方截取篡改。

● 密钥变更：一旦密钥有效期到时，必须清除原密钥存储区，或者用随机产生的噪声进行重写。但为了保证加密机制能连续工作，也可以设计成新密钥生效后，旧密钥还继续保持一段时间，以防止在更换密钥期间出现不能解密的死报，在更换密钥时可按照一个密钥生效、另一个密钥废除的形式进行。替代的次序可采用密钥的序号。如果批密钥的生效与废除是顺序的话，那么序数低于正在使用的密钥的所有密钥都已过期，相应的存储区应清零。当为了跳过一个密钥而使用强制的密钥更换时，由于被跳过的密钥不再使用，也应执行清零。

● 密钥销毁：在密钥定期更换之后，旧密钥就必须被销毁。旧密钥是有价值的，即使不再被使用，有了它们，攻击者也能读到由它加密的一些旧消息。要安全地销毁存储在磁盘上的密钥，应多次对磁盘存储的实际位置进行覆盖或将磁盘切碎，并应写下一个特殊的删除程序让它察看所有磁盘，寻找在未用存储区上的密钥副本，并将它们删除。

6. 数据稽核

由于算网数据在脱敏过程中，可能会出现一些主观或者客观的因素，会致使敏感数据的脱敏执行不彻底，存在少量敏感数据库内暴露的风险，因而需要对数据的脱敏情况进行稽核，及时发现敏感数据的违规存储和展现情况，规避和解除敏感信息泄露的风险。

- 定期稽核：通过提供数据脱敏稽核能力，可定期发起敏感数据稽核任务，对算网内敏感数据的脱敏存储情况进行扫描和稽核。
- 定向稽核：提供定向稽核能力，系统可以指定稽核数据库，以及算网内数据的表和字段，从而精准地对指定范围内的敏感字段进行扫描匹配，同时也提供对敏感数据的查询和样本展示，方便快速锁定稽核的访问位置，从而做到精准稽核。
- 稽核结果：对每次稽核任务执行的结果进行归档整理，并对稽核结果进行展示，方便数据安全管理人员及时、便捷、清楚地掌握数据稽核情况，并支持对稽核结果的二次确认，确保稽核结果无误。

9.3　算力网络中数据治理的实践价值

在企业数字空间跨域互认领域，算网数据治理能有效推动不同企业、不同区域之间的数据资产"属地治理、跨域互认"，由企业自己负责数据的"产、管、用"，政府部门提供权威认证，真正意义上做到"传递信任、还数于企"。将属地企业数字空间作为企业参与交易的权威主体信息来源，推进全国信息互认、跨区域免注册交易，解决企业跨地域交易的重复注册、投标成本高等难题。

以企业数字空间为载体，基于"存算分离，数据零拷贝"原则，变"聚数据"为"用数据"，破解数据开放利用的安全隐忧，促进孤点数据联通。通过"企业保有数据，政府认证数据，交易过程使用、验证、积累数据"的联动方式，搭建"安全、共治、真实、互信"四位一体的政企数据要素开放利用的流通体系，将一方治理升级为以企业为主的多方共治，以数据驱动公共资源交易服务，打造数字化公共资源交易新生态。

为企业建立企业数字化信息空间后，各方数据治理能统一、互认，公共资源交易各方均能从中收获更多价值。对于市场主体：零证明、免注册。无须证明企业信息的真实性、权威性。属地注册维护企业信息，互认地区免注册参与交易；辅助企业快捷编制商务标，提升投标效率和数字化投标能力。对于评标专家：扫盲区、可验真。扫除评审过程中的盲区，快捷获取资信标真实性佐证；智能化评标辅助，提升评标效率；积累专家评审反馈，放大专家信用和智力资源的作用范围及频次。对于交易中心：掌通道、转枢纽。获得政务服务精准快捷的投放通道，赋能企业数字化，与企业在线互动，一次对接通全国；企业数字空间成为全面、权威、可信的市场主体画像信息载体，支持政府治理决策。交易中心成为政企在线互通、赋能企业数字化的桥梁，提升要素配置效率的重要平台，政务服务高效精准投放、优化营商环境的重要枢纽。

"基于企业数字空间实现跨区域市场主体信息互认，破解企业跨地域交易过程中的信息获取难、重复注册、投标成本高等难题，激活数据价值，催生数字经济新生态"，这一全新的数据治理模式已得到了行业的广泛认可，"跨省域企业主体数据协同治理行动——暨企业数字空间跨域互认计划"的发起，可推动公共资源交易主体数据的跨区域共治互认。

基于算网数据治理，更好地发挥社会数据资源价值，赋能公共资源交易高质量发展，为国家治理体系与治理能力现代化贡献更多智慧与力量。

第10章 算力网络交易运营中的隐私计算

10.1 算力网络运营交易介绍

数据要素流通面临两个挑战，一是数据安全通流，二是数据价值挖掘。隐私计算通过解决数据链路问题，打开数据通路，让更多数据能够被使用，挖掘数据价值，让需要所有的隐私计算围绕人工智能在内的应用场景去产生。

10.1.1 算力网络交易模式

信息时代下，每人、每企业，每天均会产生大量的数据。"数据"既如丰饶之角的宝藏，又犹如潘多拉魔盒，掌握着庞大的数据意味着拥有"数字霸权"与宝藏，因此，数据的拥有者必然会受到制约。随着互联网数据的相关法规不断完善，各行各业对企业合规数据流通的需求日益强烈，数据的井喷式发展也将带来前所未有的价值传递。

数据交易和传统实物交易的最大区别就是，数据是可以零成本复制的，但会引来数据拥有方陷入"不愿共享、不敢共享、不能共享"的困境，形成"信息孤岛"和"数据烟囱"，无法充分发挥数据要素的经济价值、社会价值。相比之前传统的数据协作方式，隐私计算的商业模式开辟了一种全新的模式，在保证数据提供方不泄露原始数据的前提下，对数据进行分析计算，实现数据的'可用不可见'。如图 10-1 所示。

要构建更加高效、完善的数据要素交易市场，隐私计算是由多个参与者共同计算的技术和系统，参与者可以通过协作学习和分析他们的数据，而不会泄露他们的数据。"隐私计算与区块链"技术相融合，与传统方式不同，从面向企业 ToB 和面向客户 ToC 的应用场景的区别出发。

图 10-1　隐私计算交易模式

1．ToB 交易模式

数据资产的交付比实体商品的交付更加复杂，交付过程中要保障各方的权益，要保证整个过程是可审计、可验真的，这不仅需要隐私计算技术来做支撑，还需要许多大大小小的协议对基础数据的安全认证、隐私加密保护和存储等进行规定，从而将整个过程串联起来。

隐私计算加入可审计和可回收的原则，全面地、体系化地解决数据安全流通问题。可审计指的是数据流转的全过程可以被监督和审计，以确保数据合规使用。这是为了确保隐私计算名副其实，为了预防在隐私计算技术的掩护下盗取数据的行为发生。可回收指的是整个体系支持用户数据撤回。

隐私计算的主要服务对象为机构、公司和政府等，参与方之间在"可用不可见"的情况下，完成隐私计算的过程；同时，与区块链的结合，可以保证中间传输内容的可审计性，同时保证运行过程中的参数交换、中间计算以及计算流程的安全性。如图 10-2 所示。

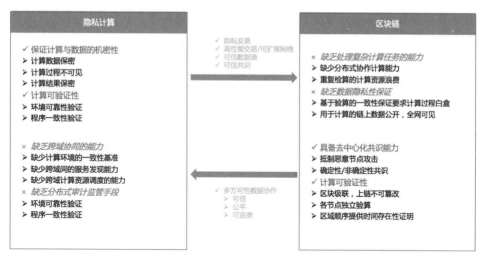

图 10-2　ToB 模式的隐私计算与区块链互补

区块链与隐私计算结合后，可以把一些算力下放到隐私计算环境中，提供隐私的链下交易能力，并可提升网络的总体交易性能与可扩展性，构建一种新型区块链的模式——"链上链下协同"。同时区块链还能补足隐私计算在多方协作中信任不足的缺点，为隐私计算提供可信、公平、可追溯、可审计的能力。

2. ToC 交易模式

对于 ToC 交易模式，参与联邦学习训练的是普通客户端，针对移动设备上的应用程序排名、移动设备的键盘输入内容建议、谷歌输入的下个词汇预测等应用，由于很多参与方都是移动终端（例如手机），因此很难约束和确保每一个终端都能遵守某种协议，这种情况下会发生更多的恶意攻击，如有些客户端试图破坏联合模型，使联合模型难以完成训练，有些客户端试图改变联合模型，使最后的推理结果利于自己等。

隐私计算除了增加数据的治理、分级分类外，同时兼顾数据的安全，结合区块链的技术应用一起给企业提供服务 C 端用户的应用，如群签名场景，机构内成员或机构内下属机构通过机构将群签名信息上链，其他人在链上验证签名时，仅可获知签名所属的群组，却无法获取签名者身份，保证成员的匿名性和签名的不可篡改性。如图 10-3 所示。

应用隐私计算，企业可以约束各个部门、其他企业的数据查询范围、规范查询内容、防止原始数据探取，减少敏感数据的非法利用和泄露。同时，各企业不仅能够掌握自己的隐私数据，还能通过共享隐私数据获得收益。这将推动构建负责任的数据经济——通过数据确权，实现数据资产化，使得数据在使用过程中能够很好地保护数据权益，在利用数据要素推动经济发展的同时，也能够很好地保护个人隐私，激励和保障有价值的数据最大化使用。

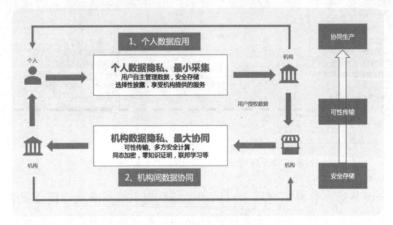

图 10-3　ToC 模式的数据授权

隐私计算和区块链的技术天然互补，能达到"1+1>2"的效果。隐私计算可以解决数据共享计算环节中的数据隐私保护问题，区块链是对可信任协作网络的重构，实现数据全生命周期的管控。两者的结合为数据要素市场化提供了一套完整、严密的解决方案，让数据流通、共享变得"有迹可循"。

10.1.2　算力网络交易中的隐私计算架构实现

隐私保护计算作为数字全球化时代的基础设施，是营造开放、健康、安全的数字生态必不可少的技术基石和底座。以隐私计算为技术底座打造数据共享"市场"，促进健康信息的可信流通。其中，共享数据的各类利益相关方包括数据拥有方、计算方、接收方等。隐私计算应用"1+X"技术框架，通过 1 个技术底座的搭建，X 个软件功能算法算子的集成，具备开放性、灵活性、扩展性，应对纷繁多样的行业客户技术选型。

同时，与区块链技术结合，实现数据在链上的可信储存，完成身份认同、数据存证与确权以及价值交换；在链下使用隐私计算节点完成建模、分析、训练等计算任务，实现数据不出库前提下的可用、可验而不可见。如图 10-4 所示。

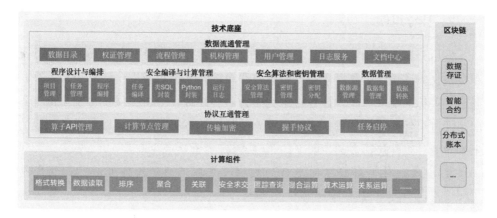

图 10-4 "1+X"架构与区块链实现

1. 技术底座

技术底座是隐私计算平台的基础设施，通过 API 接口实现对核心功能算子的统一管理，通过页面集成实现对联邦学习的集成。基于技术底座提供的资源管理能力、编排设计能力、合约管理能力等，通过 API 接口调用核心功能的可信算法组件，从而满足隐匿查询、安全求交等场景需求。

● 协议互联管理：隐私计算的互联互通已经从上层管理系统层的接口互通，探索到多方异构隐私计算平台之间中层算法协议层的互联互通。

● 程序设计与编排：可视化组件拖拉拽，根据业务需求进行隐私计算，如安全求交、匿踪查询、多方计算、联邦学习等。

● 安全编译与计算管理：各种算力的管理与计算，如加、乘、比较、除、逻辑运算、机器学习等，以完成对程序的运算。

● 安全算法和密钥管理：通过"最优安全设计"原则展开技术实践，并非单纯追求安全最大化，而是结合具体业务需求，平衡性能、安全性、通用性等多维因素，从技术方案设计和产品选型层面，寻找安全最优解。

● 数据管理：对各合作方的数据进行管理，是隐私计算的基础根源，不同类型、不同格式的数据源都可以接入，再将不同行业、不同类型的数据进行分级分类，方便各类数据接入。

● 数据流通管理：通过区块链技术与隐私保护计算的相互结合，既能在保护数据隐私过程中实现数据共享与交互，也能有效解决数据流通过程中的权属及监测等问题。

2．计算组件

采用开源隐私计算框架，实现底层算法组件化，支持多种热插拔安全算子和自定义算法组件，高度遵循安全计算平台的技术要求及安全计算平台的互联互通相关标准要求。隐私计算技术为多方联合统计、分析提供了可视化操作界面，通过组件化拖拽式操作来完成联合建模的流程制定，极大地降低了建模的上手难度。组件包括多类，如下：

- 数据组件，针对不同类型的数据，采取不同的组件处理，如格式转换、排序、聚合等。
- 统计组件，包括求交、并集等。
- 计算组件，如混合运算、算术运算等。
- 机器学习组件，如线性回归、逻辑回归、泊松回归、神经网络等。

在热插拔算子化的基础上，参与方可在隐私计算平台画布上进行简单的组件拖拽各种资源、功能组件和算子，灵活组合和连接，动态调整执行流程和算法逻辑，构建个性化建模流程，操作更便捷、自主性更高、流程更清晰。

3．区块链

对于数据资产的流转来讲，没有隐私计算，就不能解决数据本身的安全和隐私保护问题；没有区块链，就不能解决数据的确权问题以及在更大范围内的数据网络协作问题。区块链技术有两大核心特征：一是数据难以篡改，二是去中心化，即可以起到存证、溯源的作用。

- 数据难以篡改：数据上链之后的使用过程可以被记录并且不易被篡改，一方面保证本地的数据不被篡改，另一方面保证数据从本地上链的过程也被记录在区块链上、也不能被轻易篡改，即增强了上链数据的可信度。
- 去中心化：区块链利用去中心化的特点，将数据归还给用户，使得数据的价值能够释放，加上对数据的加密编码机制，为数据的隐私提供保护。

区块链技术凭借可信存储、安全共享、透明监管与授权、异构数据的存储与交换、去中心化架构等特性，已经形成一个可商用、易开发、多功能的分布式数据协作网络，在一定程度上能够提供一个相对可信的数据防篡改的解决方案。区块链与隐私技术的结合，在金融、医药行业、科研机构等领域，能够解决不信任的多方主体需要共享隐私数据的市场需求问题，如图10-5所示。

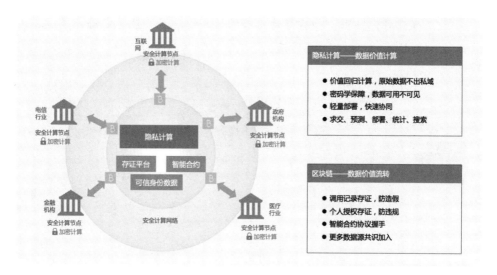

图 10-5　隐私计算与区块链的融合应用

隐私计算既保持 X 个基础算法算子小系统的安全性、开放性、扩展性、独立性；又可实现统一资源层、数据层和系统管理，为将来一个底座平台的互联互通标准、协议及接口的实现奠定良好基础。通过推动区块链技术和隐私计算的融合，建设多领域、多主体的数据共享平台，实现数据的价值流转，形成更大规模的链上"联盟"。

10.1.3　算力网络交易中的隐私计算流程

隐私计算通过私有化部署的方式，在合作方之间实现数据安全对齐融合、数据安全计算、安全学习建模、运行加密模型运算。通过可视化界面对自己的项目和数据进行管理，完成安全联合建模，所有的操作和计算都是在用户自己的私有环境中进行，从而确保数据在私域不出门。

- 隐私计算支持私有化部署，通过秘密共享、混淆电路、同态加密等多种加密技术，实现多方求交、联合统计、矩阵运算等多种算子。
- 运行隐私计算的用户，可以在私有化环境中发起隐私计算的项目，添加合作方，约定安全多方计算关系和规则，分布式加载数据集和计算脚本，启动安全多方计算任务。
- 通过执行引擎实现数据加密分散在各自私域内进行联合计算，彼此无法得到对方数据，却能得到正确的计算结果，并按约定将计算结果分发给接收方。如图10-6所示。

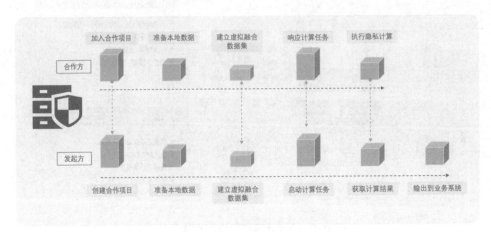

图 10-6　隐私计算流程

隐私计算专注于数据计算过程和计算结果的隐私保护，通过友好的用户界面和开发接口，适用于金融、医疗、政务、工业等多种场景，隐私安全能力植入大数据计算、存储引擎等基础设施，通过将调试环境与运行环境隔离，构建一个安全可控的数据环境，提升数据融合计算过程中的隐私安全，实现数据挖掘计算过程中的可用不可见，且不改变业务原有的技术栈和使用习惯，无须改造现有的数据分析算法和工具，同时使得业务算法模型精度折损微小。

10.1.4　算力网络交易中的隐私计算核心功能

隐私计算以满足参与计算的各方数据"可用"为目标，以明文数据的"不可见（加密）、难以见（分布式）、可控见（安全屋）"等不同强度、不同路线的技术资源化、服务化，实现不同强度隐私场景的多种加密计算、分布式计算、安全可信计算等隐私技术动态组合的需求，输出复合的隐私计算技术能力，如图 10-7 所示。

一站式企业级隐私计算平台，集成隐私集合求交（PSI）、多方安全计算（MPC）、联邦学习（FL）、隐私信息检索（PIR）等核心隐私计算技术，提供企业级的数据安全匹配、安全联合计算、安全联合建模、安全查询等跨机构间可信数据协作能力。

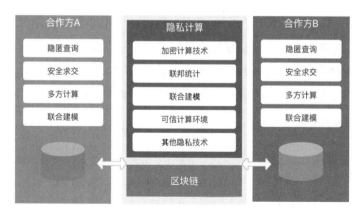

图 10-7　隐私计算核心功能

1．隐匿查询

查询方向被查询方隐藏查询意图和查询关键字，只获得查询结果，无其他额外信息。既保护查询方意图不泄露，也可不泄露查询方的数据。对于各类机构而言，黑名单是非常重要的数据，被视作机密。但是如果黑名单本身能够给机构带来价值回馈，助力机构给其他机构提供服务，那么机构就会有动力去挖掘"黑名单"的数据价值，并追求价值的更大释放。如图 10-8 所示。

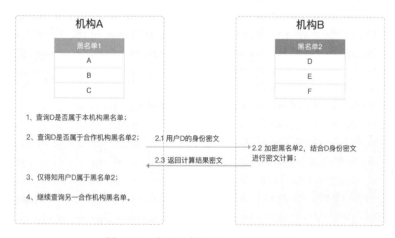

图 10-8　隐私计算功能——隐匿查询

2．安全求交

安全求交是指参与各方在不泄露任何额外信息的情况下，只能得到双方的数据交集，无其他额外信息。安全求交在现实场景中非常有用，可用于纵向联邦学习中的数据对齐，在社交软件中通讯录做好友发现等场景。比如机构 A、机构 B，使用同一个哈希函数，计算他们数据的哈希值，再将哈希（散列）过的数据互相发送给对方，然后就能求得交集了。如图 10-9 所示。

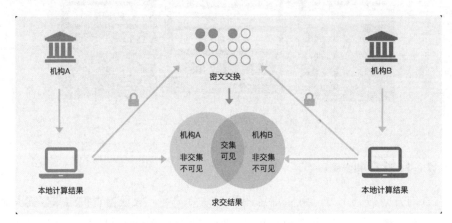

图 10-9　隐私计算功能——安全求交

3．联合统计

所有参与方在参与计算时输入数据至节点，节点统计所有参与方的数据，统一进行协同计算，获取计算反馈，最终将结果给到参与方。多个数据参与方进行统计，使用方只获取统计结果，无其他额外信息，保护各方原始数据不泄露。在不泄露任何隐私数据的前提下，让多方数据共同完成某项计算任务（四则运算、比大小等），并获得准确的结果。如图 10-10 所示。

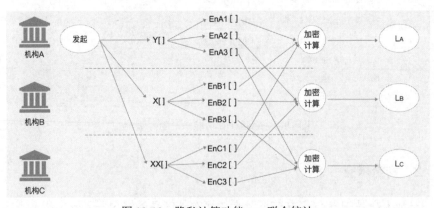

图 10-10　隐私计算功能——联合统计

4．联合建模

多个数据方在不泄露各自数据的前提下，基于多方安全计算的建模，数据加密后在密文下执行训练建模，满足高安全性要求。例如，银行机构拥有用户的征信数据，其他机构拥有用户的消费数据，银行准备给一位客户发放贷款，银行可以借助其他机构的该客户的消费数据来综合评估贷款的风险。此时，银行可以选择与这些机构合作，在已有该用户征信信息的基础之上，再结合用户在其他机构各消费维度的数据，进行联合建模，并通过加密计算，最后凭借建模结果来把控风险。如图 10-11 所示。

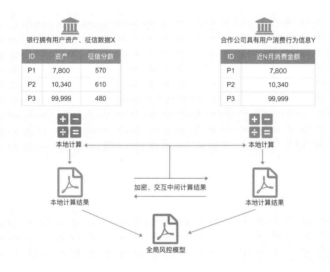

图 10-11　隐私计算功能——联合建模

相对于数据安全，隐私计算的存在是必须的，无论是对于个人、企业，甚至是国家政府。在信息泛滥、信息随时泄露的时代，隐私计算是企业数据协作过程中执行的，通过密码学、区块链、多方安全计算等技术，实现隐匿查询、安全求交、联合统计、联合建模等功能，平衡了数据开放共享和隐私安全保护的矛盾，保证数据处理与分析过程的不透明、不泄露、无法被恶意攻击及其他非授权方获取，满足保护和开放的双重要求。

10.1.5　算力网络交易风险及评估

在诸多数据应用场景中，只有通过足够的数据量、丰富的特征维度，才能得到有意义的数据分析、计算结果，这往往需要多个实体机构共同提供数据。传统的、集中的数据使用方式的应用，在风险来源、认知应对、应对方式等方面均存在风险。如图 10-12 所示。

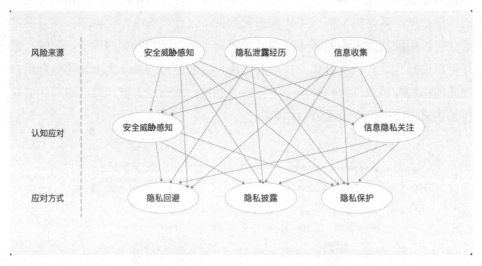

图 10-12　数据流通风险

传统"复制式"的数据流通方式难以满足合规要求，一定程度上将限制数据效能开发，数据权属界定不明晰、数据安全风险高、数据交易机制不完善等问题制约了数据的流通发展，表现在以下方面。

1. 数据源的违规隐患

数据源合规已成为"牵一发而动全身"的问题，任何一个数据源受到污染均可能影响输出结果的质量。在多元数据融合的过程中，各参与方均可将自己收集到的数据投入联合学习和联合分析中，但由于数据来源的多样性、复杂性，而影响了数据计算的整体安全性、合规性。

2. 过程数据和产出结果的安全隐患

多方的数据融合均涉及隐私安全的风险，输入模型数据的安全、计算过程的安全和计算结果的安全均会对数据安全流通带来风险。比如在金融机构和征信机构合作预测某个借款人信用的场景，在特征对齐或输出预测结果时泄露了借款人的 ID，则有可能泄露借款人本身有借款需求的信息。

3．自动化决策的风险

以大数据驱动的智能算法推荐系统，已逐渐应用到社会生活的各个领域。面对海量信息，智能算法会根据用户的在线行为计算分析出个人的兴趣爱好和行为趋向，从而帮助用户做出自动化决策。但是当信息推送、商业营销时，各参与方需要关注自动化决策的合规风险。比如在精准营销推荐时，要确保模型本身的设计符合算法的要求，且算法具有一定的透明性和可解释性，由数据计算的结果不会对企业或个人的权益造成不合理的影响。

4．数据应用角色的模糊

在实践中，数据参与方的职责和权利往往交叉融合，在传统数据流通过程中，具体业务实践也往往因为缺乏共识而使得法律关系较为复杂，比如技术提供方可能是数据处理者，也可能是由数据供需方委托处理数据而成为受托方，也可能是数据供需方的数据交换的中介服务机构。

在这样的背景下，隐私计算成为促进数据价值安全释放的关键技术手段。隐私保护计算架构体系中，分为三个逻辑角色：数据方、计算方和结果方。数据方是提供数据的组织或个人，计算方是提供算力的组织或个人，结果方是接收结果的组织或个人。隐私保护计算实际部署中，实体至少要有两个，每个实体可以参与数据方、计算方或结果方中的一个或多个。如图 10-13 所示。

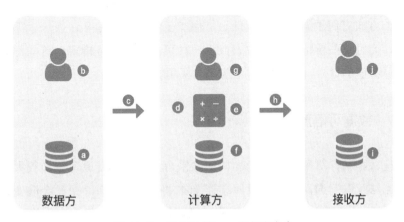

图 10-13　隐私计算——参与方角色

隐私计算保障数据的全生命周期，通过对数据静态存储、安全的数据传输技术（如访问控制、存储加密、传输加密等），对数据计算过程、计算结果均起到隐私计算的作用。同时，隐私计算覆盖数据应用的全环节，可以保障以下风险。

- 数据方：保障数据方的静态存储风险；保障数据使用泄密风险；保障数据从数据方传输到计算方的传输风险。
- 计算方：保障数据在计算方计算前的泄密风险；保障数据在计算方计算后的泄密风险；保障计算方数据静态存储风险；保障计算方数据使用泄密风险。
- 接收方：保障数据从计算方传输到接收方的传输风险；保障接收方数据静态存储风险；保障接收方数据使用泄密风险。

隐私计算对数据隐私保护与跨界安全流通固然有很好的保障作用，"可用不可见"实现了数据所有权与使用权的分离，是对数据安全监管政策的遵从和妥协，也是推进数据要素市场化的关键技术与武器。

10.2 隐私计算技术在算力网络交易中的价值体现

隐私计算被认为是打开千亿级规模数据交易应用模型市场的关键钥匙，兼顾数据分析计算和隐私保护、信息经过处理不能被复原等作用，同时也是隐私计算的价值和意义。隐私计算的价值在于，其技术体系在哪些方面发挥作用，与之前的方式有何不同，保护了什么，保护了谁的数据隐私，带来了哪些改变或增益，而且这些价值能在商业上成为一种可持续的业务模式。这些都是体现隐私计算价值的地方，也是各方企业愿意买单的理由。

10.2.1 数据可信流通

以往，隐私计算平台大多为异构闭源平台，技术实现原理差异较大，造成跨平台无法互联互通，隐私计算原本连接的"数据孤岛"，便又会演变成"计算孤岛"，所以互联互通成为连接不同隐私计算平台"计算孤岛"的技术最优解，有助于加快驱动生产、治理、运营等变革，营造良好的数字生态。如图 10-14 所示。

图 10-14　隐私计算——数据可信流通协议

依托一系列隐私计算技术，如密码交换、多方安全计算、区块链、可信执行环境等，分别在原语层、算法层、管理层进行可信数据流通，化解了数据流通中存在的安全风险和顾虑，实现"数据可用不可见，用途可控可计量"，在不交换原数据的前提下输出数据蕴含的价值，有效限制敏感数据被无限复制，防止数据泄露和滥用，增强数据的共享意愿，激励数据价值的挖掘。如图 10-15 所示。

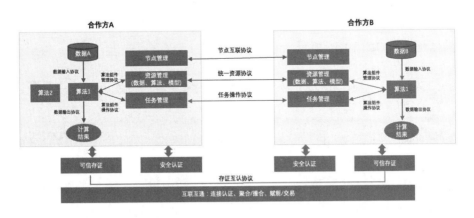

图 10-15　隐私计算——互联互通

随着成千上万的数据方和场景方的连接，各个合作方需共同建立一张全新的数据价值流通网络。在这套安全可靠的数据交换网络体系里，数据要素在安全合规的前提下，实现高效可靠的流通和应用，释放其巨大的经济价值。数据流通领域各方需要基于类似的行业协议进行交互，从而促进数据要素的大规模应用。

- 在具体应用层面，在满足数据合规要求的前提下，隐私计算使各类市场主体充分调动数据资源方、使用方、运营方等各方积极性，实现数据资源海量汇聚、交易和流通，进一步盘活了数据资源价值，大大促进了数据要素市场化配置。
- 在宏观运营层面，隐私计算在很大程度上能够完善各类及平台应用的安全性、合规性，促进大数据、云计算、人工智能、物联网等数字产业实现健康、可持续发展。

隐私计算在助力释放数据价值、盘活数据资源的同时，再加上一个更加完善的数据要素市场也为隐私计算提供广阔的应用环境，有利于隐私计算技术在市场机制作用下不断创新，实现技术迭代和研发突破。

10.2.2　数据价值释放

隐私计算是面向信息流通的全过程，是对数据生产、存储、计算、应用等的应用涵盖，不仅可以保证原始数据安全隐私性，而且能实现数据的计算和分析。由于多行业均存在数据合规流通的需求，隐私计算的落地场景也分散于各行各业，如运营商、政务、金融、医疗、交通、互联网等多个行业。隐私计算作为数据的"连接器"和业务的"增效器"，比如左侧连接数据资源，右侧连接具体业务。如图 10-16 所示。

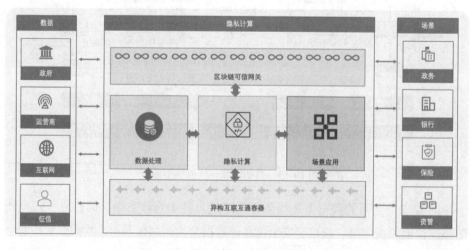

图 10-16　隐私计算——数据场景应用

　　隐私计算能够在特定的信任假设下，在保护数据所含的隐私和机密，避免数据资产的流失、转移和失控的前提下，实现和分享数据价值的技术、产品和方法。隐私计算的价值拼图至少包括两个方面，其一是数据价值，其二是隐私计算的价值。

1．数据价值计算

　　隐私安全计算技术有助于加快驱动生产、治理、运营等变革，营造良好的数字生态。隐私计算的价值在于兼顾了数据的安全和流通，一方面，它保障了数据不出域的零风险状态，另一方面，它实现了数据自身价值的对外传递，破解了安全与流通的矛盾关系。如图 10-17 所示。

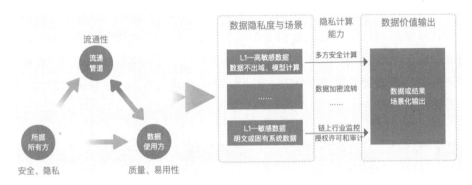

图 10-17　数据价值计算

　　当前数据价值化势头强劲，从数据交互向数据要素流通模式的转变，数据安全风险从相对静态交互向数据全生命周期迅速延展，数据保护重点也从相对静态地保障数据交互安全，向保障动态的数据要素流转安全转变。在此背景下，同态加密、差分隐私等隐私保护技术，为化解数据利用与数据保护之间的矛盾提供了有力支撑。

- 第一类：以多方安全计算为代表的基于密码学的隐私计算技术，完成多方间的数据融合计算，主要用于联合统计、联合查询、联合建模和联合预测。
- 第二类：以联邦学习为代表的人工智能与隐私保护技术融合衍生技术，通过对各参与方间的模型信息交换过程增加安全设计，使得构建的全局模型既能确保用户隐私和数据安全，又能充分利用多方数据，主要用于联合建模、联合预测。

● 第三类：以可信性执行环境为代表，保证其技术内部加载的程序和数据在机密性和完整性得到保护。

在保护数据隐私安全的前提下，汇聚并实现数据共享使用，从而更好地发挥出数据在人工智能领域发展过程中的支撑性作用。当数据以隐私计算输出服务时，若业务方要想引入其他数据服务，就需要引入隐私计算。数据跨界融合是隐私计算要承载的内容，隐私计算的目标是要实现数据价值的安全流通，数据可用不可见，要价值不要原始数据，这是隐私计算的初心。

2. 数据价值流转

数据释放是由各参与方开展合作的前提，业务需求方知道数据源方有哪些数据，哪些数据对自己是有价值的。作为牵引隐私计算落地的利器——数据，凭借其可复制、可共享、可无限供给的特点，助力产业实现精细管理、精细生产、精准营销、精准规划等。对于数据价值的释放，一是可以指导企业等进行科学决策，二是通过数据驱动企业的生产、运营等方式的变革，三是企业的变革产生经济价值、社会价值、安全价值等。如图 10-18 所示。

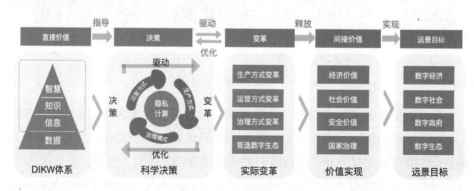

图 10-18　数据价值流通

数据价值的释放兼具经济价值、社会价值、国家治理和安全价值等多重价值，其价值可以体现在数据处理、数据计算、数据分析上，指导企业、行业、国家做出科学决策。通常情况下，数据经过漫长的数据加工链路才能达到可使用的状态，在数据加工链路中，还需要多方的数据及算法贡献，并非单一角色即可完成，涉及多方协作和每个计算环节点，以满足各自的安全信任假设及计算环境需求。

● 智能合约驱动数据流转：隐私计算的多个参与方的协作流程由智能合

约驱动，数据流转由隐私计算引擎解决，并通过区块链确权、共识。在数据共享过程中有效保护个人信息，实现全流程可记录、可验证、可追溯、可审计，为建设高效、高安全和高流动性的数据要素交易市场提供助力。

● 打开数据流通，挖掘数据价值：隐私计算主要是解决数据"链接"问题，打开数据通路，让更多数据能够被使用，但是挖掘数据价值，不能脱离场景而存在。通过构建数据网络，帮助数据在可管控、可度量且受隐私安全保护的前提下助力发挥AI数据价值。

数据价值体现的终极形式是数据资产化，而数据资产化必须依赖平台提供的全套确权、定价、交易及价值分配的能力。因此要想实现大规模数据价值的释放，需要系统性思考。隐私计算平台提供了成熟的技术框架，实现数据核算法的快速接入，赋能多样化的业务场景，安全、高效地实现跨城市级别节点间数据协作的数据和计算互联网。

10.2.3　数据存证溯源

传统的数据溯源，主要是采用"中心化的账本记录"模式，数据由各参与方各自分散且孤立地记录和保存，进而产生了"数据孤岛"的问题；同时，企业自身流转链条上的利益相关方，选择篡改数据，甚至删除相关信息数据，引起对数据进行存证追溯缺乏的问题。

为了满足数据安全流通，隐私计算与区块链结合，能达到实时记录与随时追溯的作用；同时，根据不可篡改及时间戳的技术特性，可为各行业领域的数据存证、防伪、溯源提供了强力且有效的技术支持。

● 技术层面：通过区块链追溯存证溯源，可保障数据的真实性。
● 应用层面：智能合约会成为解决溯源的关键问题，提供更加有价值的信息和服务。
● 生态层面：隐私计算与区块链融合可以打造多中心、按劳分配、价值共享、利益公平分配的自治价值溯源体系。如图10-19所示。

隐私计算的应用领域与区块链融合，二者互为刚需，可以构建可信、安全、隐私、公平、高效的"数据互联网"。如果没有隐私计算，区块链无法解决隐私保护问题，无法为更多数据源提供服务；如果没有区块链，隐私计算无法解决数据确权与利益分配问题，多方数据协作难以达成。也就是说，隐私计算与区块链缺一不可，如图 10-20 所示。

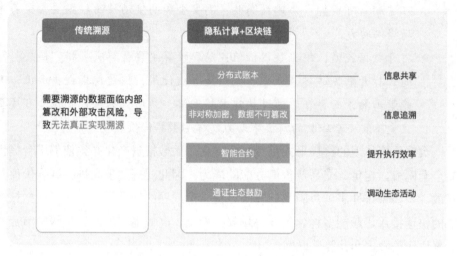

图 10-19 传统溯源与隐私计算溯源

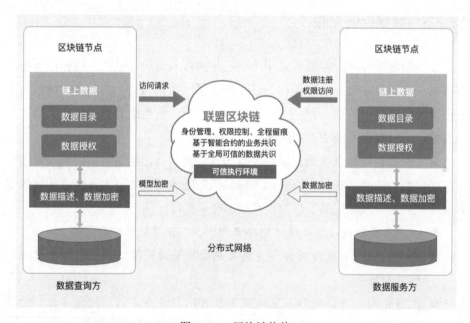

图 10-20 区块链价值

隐私计算是对数据隐私安全的保障，区块链技术是对数字世界信任体系的构建，两者结合起来将共同以技术信任链接服务、数据与智能的孤岛，形成互联互通的新秩序。两者的结合，主要体现在市场上的多参与方数据共享共制机制上。

- 参与方数据资产注册问题：这个过程相当于商品的上架，让潜在的合作方可以看到数据资产的元数据（即数据资产必要的描述信息）以及使用方式，比如数据资产有哪些字段、每个字段是什么属性、有什么统计特性、样例模拟数据等，以及数据资产可能的使用方式等信息。
- 算法的可信问题：数据处理的过程要对数据源是可见的，谨防使用方在结果中夹带隐私数据。常用的算法要有开源的代码及代码管理。
- 计算的授权问题：参与方提供的数据资源，如有涉及第三方的隐私数据，则必须要获得用户的授权才可以进行计算过程。这些授权需要留证，以便在计算过程中进行核验和事后的审计。
- 计算过程的协调问题：隐私计算过程需要一个中心化的协调方来汇总各参与方的梯度信息，把结果再反馈给各参与方。这个中心协调节点就成了权利的中心，也可能通过各方汇总的数据进行原始数据反推从而泄露信息，实现计算过程的发起到全流程追踪的可回溯。

综上所述，隐私计算和区块链技术结合，不仅提供数据价值共享的技术路径和解决思路（在数据隐私保护情况下），而且能实现在链上的可信储存（完成身份认同、数据存证与确权以及价值交换等），同时在链下使用隐私计算节点完成建模、分析、训练等计算任务，以达到数据在不出库前提下的可用、可验而不可见的特点。隐私计算与区块链的核心是在不分享数据本身，通过一系列技术手段实现不同信任假设和应用场景的数据协作和价值流通，解决单点实际问题、扩大联盟链应用范围、提供网络安全相关服务、建立为企业提供服务的区块链＋隐私计算基础平台、建立同时为企业和个人提供服务的区块链＋隐私计算基础平台。

第四篇
算力网络时代大数据应用场景和发展展望

第11章 东数西算

2022 年 1 月 12 日，国务院发布《"十四五"数字经济发展规划》的通知。明确了"十四五"期间数字经济发展的指导思想、基本原则、发展目标、重点任务和保障措施。《"十四五"数字经济发展规划》部署的八方面重点任务中，首个便是"优化升级数字基础设施"，要求"加快实施'东数西算'工程，具体政策要求"加快实施'东数西算'工程，推进云网协同发展，提升数据中心跨网络、跨地域数据的交互能力，加强面向特定场景的边缘计算能力，强化算力统筹和智能调度。按照绿色、低碳、集约、高效的原则，持续推进绿色数字中心建设，加快推进数据中心节能改造，持续提升数据中心可再生能源利用水平。"

实施"东数西算"工程，是将东部算力需求有序引导到西部、优化数据中心建设布局、促进东西部协同联动的重要举措。夯实这一对数字经济发展影响深远的基础设施底座，其战略意义十分重大。

11.1　东数西算，国家政策引导

随着我国数字经济蓬勃发展，全社会数据总量呈爆发式增长，数据存储、计算、传输和应用的需求大幅增长，数据中心已成为支撑各行业"上云用数赋智"的重要新型基础设施。但与此同时，东部算力资源紧张与西部算力需求不足并存，区域数字基础设施和应用空间亟待优化。一方面，一些东部地区对算力的应用需求大，但能耗指标紧张、电力成本高，大规模发展数据中心存在局限性；另一方面，一些西部地区可再生能源丰富、气候适宜，但存在网络带宽小、跨省数据传输费用高等瓶颈，无法有效承接东部需求。

为了解决上述问题，同时推动我国数据中心差异化、互补化、协同化和规模化发展，2021 年 5 月 24 日，国家发展改革委、中央网信办、工业和信息化部、国家能源局联合印发了《全国一体化大数据中心协同创新体系算力枢纽实施方案》（以下简称《方案》）。《方案》明确提出围绕国家重大区域发展策略，建设"4+4"全国一体化算力网络国家枢纽节点，即在京津冀、长三角、粤港澳大湾区、成渝、内蒙古、贵州、甘肃、宁夏等 8 地启动建设全国算力网络国家枢纽节点。按照《方案》要求，这一阶段"算力网络"被正式纳入国家新型基础设施发展建设体系。

2022 年 1 月 12 日，国务院发布《"十四五"数字经济发展规划》的国家层面政策，人民日报发表《实施'东数西算'工程 打造算力一张网》的文章，对其中的"东数西算"做出权威的解读。认为算力作为数字经济的核心生产力，是支撑数字经济发展的坚实基础。据国家发改委数据，截至 2022 年 2 月，我国数据中心规模已达 500 万标准机架，算力达到 130EFLOPS（每秒 13000 亿亿次浮点运算）。据工业和信息化部测算，到 2023 年年底，全国数据中心机架规模年均增速将保持在 20% 左右。

实施"东数西算"工程，有利于提升国家整体算力水平。通过全国一体化的数据中心布局建设，扩大算力设施规模，促进由东向西梯次布局、统筹发展，将提高算力使用效率，实现全国算力规模化、集约化发展；推动"东数西算"循序渐进、快速迭代，将优化资源配置，更好赋能数字化发展。

实施"东数西算"工程，有利于促进绿色发展。我国数据中心年用电量已占全社会用电的 2% 左右，且数据量仍在快速增长。我国西部地区资源充裕，特别是可再生能源丰富，具备发展数据中心、承接东部算力需求的潜力。加大数据中心在西部布局，将大幅提升绿色能源使用比例，就近消纳西部绿色能源；同时通过技术创新、以大换小、低碳发展等措施，也将持续优化数据中心能源使用效率。

实施"东数西算"工程，有利于扩大有效投资。从信息通信、IT 设备制造、基础软件，到土建工程、绿色能源供给，数据中心的产业链条长、覆盖门类广、投资规模大。通过算力枢纽和数据中心集群建设，不仅可以有力带动相关产业的上下游投资，形成更多内需增长点，还可以加速数字产业化和产业数字化进程，不断做强、做优、做大我国数字经济。

实施"东数西算"工程，有利于推动区域协调发展。目前，我国数据中心存在一定程度的供需失衡、失序发展等问题。通过算力设施由东向西布局，将带动相关产业有效转移，促进东西部数据流通、价值传递，发挥各区域在市场、技术、人才、资金等方面的优势，补短板、强弱项，延展东部发展空间，推进西部大开发形成新格局。如图 11-1 所示，"东数西算"是数字经济时代的"南水北调"工程。

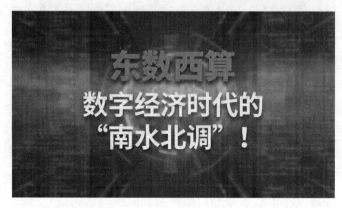

图 11-1 "东数西算"是数字经济时代的"南水北调"工程

11.2 围绕五个一体化推进东数西算的实施

国务院正式印发《"十四五"数字经济发展规划》（以下简称《规划》），明确了"十四五"时期推动数字经济健康发展的指导思想、基本原则、发展目标、重点任务和保障措施。因此，数字经济是未来国家发展新的驱动力及未来新经济的发展方向，而"东数西算"是数字经济国家明确的具体实施规划，是推动数字经济的有效实施方案。

"东数西算"近期如何实施，可在已经发布的《方案》中明确具体的实施规划，从《方案》的整体规划来看，"东数西算"工程将围绕"五个一体化"推进实施，来实现工程目标。从网络、能源、算力、数据、应用五个方面围绕算力网络的发展提出明确的实施方案，如图 11-2 所示。

网络一体化。围绕集群建设数据中心直连网，建立合理的网络结算机制，增大网络带宽、提高传输速度、降低传输费用。围绕集群稳妥有序地推进新型互联网交换中心、互联网骨干直连点建设。

能源一体化。围绕集群配套可再生能源电站，扩大可再生能源市场化交易范围。从省区市层面对数据中心集群进行统一能耗指标调配，集中保障数据中心用地和用水资源。

图 11-2　"五个一体化"推动大数据的算力网络实施

　　算力一体化。在集群和城区内部的两级算力布局下，推动各行业数据中心加强一体化联通调度，促进多云之间、云和数据中心之间、云和网络之间的资源联动，构建算力服务资源池。

　　数据一体化。建设数据共享开放、政企数据融合应用等数据流通共性设施平台。试验多方安全计算、区块链、隐私计算、数据沙箱等技术模式，构建数据可信流通环境。

　　应用一体化。开展一体化城市数据大脑建设，选择公共卫生、自然灾害、市场监管等突发应急场景，试验开展"数据靶场"建设，探索不同应急状态下的数据利用规则和协同机制。

11.2.1　网络一体化建设，保障大数据的高效传输

　　网络强国战略是当今中国的重要发展契机，如何"以网络强东数西算"也是一道时代考题。就像曾经中国有个共识，叫作要想富先修路。如今想让"东数西算"成功，也需要优先考虑网络的升级与适配。大型企业、科研机构将计算中心布置到距离较远、自然环境优势较为明显的地区，已经拥有了成熟的产业经验。这个过程的重点任务并不仅仅在于"算"，还有如何将数据的计算与存取能力进行长距离、高质量的运输，以及一系列相关工程。

　　从美国大型互联网、云计算企业的发展经验来看，优质的网络基础设施与网络环境是实现大规模计算调度的前提。而中国的"东数西算"工程，则更加强调国家数据中心集群与产业经济、区域发展的结合性，这也导致"东数西算"的网络需求将更加复杂、严苛。

"东数西算"工程的建设肯定会优先考虑"网络交通"。从数据中心到千家万户，整个网络可以大致划分为两个部分。首先是算力配给网，负责东西部之间的数据传输，是"东数西算"的网络动脉；其次是算力生产网，负责数据中心内部的网络调度与服务器连接。

算力配给网在时延、算力、带宽等关键能力上的要求比算力生产网要求更高。尤其是对时延的要求更为苛刻，或者从需要海量数据传输的重点业务来说，算力配给网络是业务上云的关键要素，也是生产力的核心组成部分。

而在算力生产网方面，数据中心网络的最大挑战是必须不断挑战网络精度的天花板。在数据中心中，大量计算单元并联和协同会导致不同程度的网络丢包，从而导致整体计算效率下降。而在"东数西算"工程中，必然会出现规模庞大的计算单元组合，这也就给网络丢包率提出了极大挑战。计算中心网络升级，也是"东数西算"良性发展的重要前提。面对上述挑战，"东数西算"应该如何实现东数西算，网络为先？答案是以 IP 为桥，探寻"东数西算"的网络升级之路。而在"东数西算"大局当前，对算力配给网、算力生产网提出一系列挑战的时候，我们可以看到 IP 网络在这个过程中可以发挥巨大的价值。

IP 网络是数字化发展的基石，向下可以连接数字化基础设施，向上可以直接抵达应用层，是应用范围最广、产业共性最强的网络解决方案，这一点是其他网络解决方案难以替代的。随着 IPv6 相关技术产品体系的成熟，IP 网络的价值被进一步放大。原本 IP 地址分配不足、不确定性体验等问题都在消失，这就形成了 IPv6+ 的技术体系价值与产业机遇。IPv6+ 既是 IP 网络的新生，也是中国网络的强国战略走向成功的决定性因素。

目前来看，走向 IPv6+ 可以帮助"东数西算"相关的网络基础设施完成以下几项关键升级。

- 拥抱确定性体验。IPv6+可以在算力配给网中建立安全隔离环境，确保体验的可管、可视，并且可以支持灵活调度、多元化收费的商业环境。最终保障业务的确定性体验，实现"东数西算"预想中的计算成本全面优化。

- 实现网络的弹性供需匹配。"东数西算"工程指向的是一种随时获得高质量算力，并且不造成算力浪费的全新计算环境。这就要求网络能力可以实现灵活的弹性供需，确保业务能够实时发放。甚至未来计算网络形态应该根据算力需求进行智能感知，实时引导算力资源进行合理分配，而这些都需要建立在 IP 网络的升级之上。

● 数据中心网络超宽无损。数据中心网络超宽无损是释放数据中心价
值、满足东数西算预想的关键，而这也需要算法、架构的创新和突破
来进行满足。未来，将有大量需要高性能计算的业务诞生，提前进行
IP 化和网络升级是保障计算产业升级的关键。

综合来看，IP 网络走入产业，走向东数西算，是目前网络建设中最可行、
可信的一条通道。而这都是 IP 网络才能带来的价值与效益，如图 11-3 所示为
高效安全的网络一体化建设。

图 11-3　高效安全的网络一体化建设

11.2.2　能源一体化，推动大数据的低碳运营

能源一体化建设，将从新型电力系统建设、能源供给模式、数字经济对算
力的新需求、绿色能源的西电东输、能源金融的创新、综合能源的高效管理、
多能源之间的互补几个方面推动能源领域大数据的低碳运营，如图 11-4 所示。

图 11-4　能源一体化的低碳运营

1．为新型电力系统带来新要求

"东数西算"的核心问题是电力，构建以新能源为主体的新型电力系统已箭在弦上。与传统电力系统相比，构建新型电力系统无疑是一场深刻的电力系统变革，涉及源网荷储等各个领域，也意味着新能源发电将逐渐成为电力电量的供应主体，它要求电网更弹性、更灵活、更智能，从单向化向双向互动系统转变，能把波动性、间歇性的新能源通过系统的灵活调节变成友好的、稳定的电源，更好地适应新能源大规模的发展需要，从而最大限度地提高清洁能源消纳利用水平。

2．为能源供给模式带来新变革

"东数西算"将加速能源供给模式的深度变革。当今世界正处于新一轮能源革命的前夜，可再生能源、智能电网、非常规油气等技术开始规模化应用，分布式能源、第四代核电等技术渐渐进入市场导入期，大容量储能、新能源材料、氢燃料电池等技术有望取得关键性突破，特别是随着能源体制改革的深入推进、新兴能源技术和信息通信技术的快速发展，我国能源供给模式逐步呈现市场化、分布化、低碳化、智能化的新特征，这既是对能源传统电力发展理念、模式和方法的颠覆，也是推动能源革命纵深发展的必然要求。

3．为数字经济壮大带来新机遇

作为继农业经济、工业经济之后的主要经济形态，数字经济是以数据资源为关键要素，以现代信息网络为主要载体，以信息通信技术融合应用、全要素数字化转型为重要推动力的全新经济形态。其实，算力也是一种生产力，被称为数字经济健康发展的底座和"智慧大脑"，从相关研究的量化数据显示，计算力指数平均每提高1个百分点，数字经济和GDP分别增长3.3%和1.8%左右。从某种意义上来讲，"东数西算"工程为数字经济的发展壮大插上腾飞的"翅膀"，是确保我国数字经济占据世界第一梯队的必然选择。

4．为绿色电力消纳带来新变化

据有关机构预测，目前我国数据中心的耗电量约占全社会用电量的2%，预计到2030年，我国数据中心的耗能将从2018年的1609亿千瓦时增长到2030年的4115亿千瓦时。而从规划的算力枢纽节点来看，内蒙古、甘肃、宁夏、贵州等省份是我国名副其实的清洁能源大省，除贵州拥有丰富的水电资源外，其他三地都是风光资源的"富集区"。预计"十四五"期间，西部省区的风光等可再生能源装机达 3 亿千瓦，大量丰沛的清洁能源除了满足当地生产生活和部分"西电东送"的需求外，也为数据中心提供了源源不断的绿色电能。

5．为能源金融创新带来新方向

近年来，能源电力的金融属性逐步增强。伴随着能源互联网的加快发展和区块链等技术的广泛运用，能源与金融正在不断地加速融合，促进了绿色能源电力金融市场的建立与健全。借助数字技术赋能制度创新与能源金融创新，搭建全国一体化的算力网络，构建能源大数据中心和能源电力一张网、一朵云、一平台，打造数字能源、数字电力，积极开发能源金融交易的新品种、新工具，实现电力交易、碳交易和能源数据等市场的有机结合，这也是我国扩大国际能源金融话语权的必要之举。

6．为综合能源管理带来新思路

据统计，电费支出往往占数据中心整体运维总成本的 70% 左右。为了降低运营成本，数据中心对节能降耗提出了更高的要求，这给综合能源管理提出了新思路。借助大数据、云计算等现代信息技术，对数据中心的电力、燃气、水、热等各类能耗数据进行充分采集、处理并分析耗能状态，提供包括用能咨询服务、用电行为数据服务、能效分析预测、节能服务以及故障排查、定向或随机回访等综合能效服务，上述服务都将由 AI 替代并提供远程诊断和咨询，用能效率和效益将会大幅提升。

7．为产业融合发展带来新趋势

将不同产业或同一产业的不同行业相互渗透、相互交叉，最终融为一体，是现代产业发展的新趋势。"东数西算"为我国产业融合发展提供了新契机，随着物联网的兴起和我国信息高速公路的完善，打破了行业域、时域和地区域的界限，能源电力与其他产业的结合更加密切，包括能源与交通、制造业、市政、环保、医疗等产业的相互融合和跨界发展越来越普遍，催生出多种新技术、新产业、新业态、新模式不但带来传统产业的颠覆性创新，而且有助于产业市场竞争力的全面提高，同时还有利于推进东西区域经济一体化的发展。

8．为共享经济成长带来新机会

实际上，"东数西算"是通过构建数据中心、云计算、大数据一体化的新型算力网络体系，将东部算力的需求有序引导到西部，优化数据中心建设布局，促进东西部协同联动，而东部省市是我国经济发达地区、生产消费的重心，西部地区作为我国资源和能源的重要集聚区，借助互联网技术的广泛运用和信息高速公路的建设，为现代共享经济提供了巨大便利，包括能源共享、数据共享、电动汽车共享、制造共享、渠道共享等共享服务应运而生，其在生活服务和生产制造领域的渗透场景更加丰富。

9．为多能互补系统带来新选择

数据中心最害怕遇到的就是电力突然中断。因此，电力供应的可靠性对数据中心来说尤其重要，无论数据中心的 IT 设备多么精密、系统功能多么优越、可靠性多么高，一旦断电，再高级的系统也无法运转，重要的设备可能被毁损，这要求数据中心必须采取多回路的供电模式，确保供电万无一失。除了安全可靠的外部供电外，数据中心还要建设燃料电池、储能等必要的配套装置，配置不间断电源（UPS）系统。因此，汇集绿色、高效、智慧等于一体的"多能互补系统"将成为"数据中心"建设不可或缺的一环。

11.2.3　算力一体化，构建算力一张网

随着网络发展逐渐从信息交换向信息数据处理转变，并且数据已经上升到国家战略资源，算力将成为信息技术发展的核心和生产力。而数据、算力与算法是数据挖掘的三大支柱，其中算力指的是计算能力或数据处理能力，而伴随千行百业的数智化转型，各行各业对 CPU、GPU、FPGA 等各种算力需求大增。可以说，算力是新基建之心。

在 5G 赋能千行百业的数字化转型中，这些通用目的技术组合在云网边端的应用里均对算力提出了要求，即通过网络来实现云、边、端多级算力协同，满足网络承载的各种业务场景对算力的量化需求。从 2019 年开始，算力网络的理念被我国通信业界提出并倡导，网络开始逐渐进入算网时代。

算力网络将算力融入网络，以网络作为纽带，融合人工智能、大数据、区块链等通用目的技术组合，使得算力通过网络连接实现云—边—端的最优化协

同与调度，最终实现有网即有算，有网络接入的地方即有算力可提供。算力网络是云网融合的持续演进，未来，算力和网络能力的融合逐渐由云网一体化基础设施承载。相比于国外运营商大多放弃云，只专注于网络的现状，我国通信运营商兼备网与云的基础设施，未来面向云算融合一体化的服务运营模式，具备了一定的先发优势。最终实现如图 11-5 所示，网络无所不达，算力无处不在。

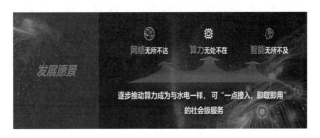

图 11-5　网络无所不达，算力无处不在

根据工业和信息化部的最新统计数据显示：2021 年前三季度，电信运营商的云计算业务收入同期增长了 94.8%。云计算业务增速惊人，而云业务不仅要求通信连接，还要求高可靠、低成本、灵活调用的算力资源。为了适应云业务的发展，需要打造一张算力网络。

在算力网络体系中，由云向算演进，算力将更加立体泛在，包含边端等更加丰富的形态，并呈现物理空间、逻辑空间、异构空间三方面的融通。算力网络中包含着众多技术，包括时延敏感网络技术、确定性的网络技术、网络功能虚拟化，以及计算优先网络、电信可信区块链、IPv6 和基于 IPv6 的分段选路 SRv6 等。

为了实现对泛在的计算和服务的感知、互联和协同调度，算力网络架构体系从逻辑功能上可划分为算力服务层、算力平台层、算力资源层、算力路由层和网络资源层五大功能模块。基于网络无处不在的算力资源，算力平台层完成对算力资源的抽象、建模、控制和管理，并通过算力通告模块通知到算力路由层，由算力路由层综合考虑用户需求、网络资源状况和计算资源状况，将服务应用调度到合适的节点，以实现资源利用率最优并保证极致的用户体验。

在大数据背景下，中国移动算力网络的发展战略将以"算力泛在、算网共生、智能编排、一体服务"为最终发展目标，持续推动算力网络的发展。计划把算力网络的发展分为三个阶段，即泛在协同的起步阶段，虽然算力和网络还是各自分配，但算网的能力可以被协同调用；融合统一的发展阶段，形成融合统一的算力网络服务，智能编排能力也已经构建；一体内生的跨越阶段，整个算力网络形成融合一体化的服务能力，可以面向家庭、个人、政企等不同对象，提供各种可租赁的新型业务能力。泛在协同阶段的核心理念是"协同"，具有网随算动、协同编排、协同运营和一站服务等特征；融合统一阶段的核心理念是"融合"，具有算网融合、智能编排、统一运营和融合服务等特征；一体内生阶段的核心理念是"一体"，具有算网一体、智慧内生、创新运营和一体服务等特征。

在技术方面，需要共同构建算力网络技术体系，其中包括制定统一的技术路线、统一的目标架构、统一的标准体系；在产业方面，需要协力加快算力网络产业成熟，包括协同增强产业链健壮发展、协同加强产业链融合创新、协同推进产业链跨越融通；在生态方面，需要推动算力网络生态繁荣，其中包括推动多元供给、多元服务以及多元生态。

11.2.4　数据安全保障数据的安全流通共享

"东数西算"工程不仅实现能源与算力的优化配置，也为数据要素的优化配置提供了基础设施——更大范围、更大规模的数据可以通过高效通信网络和算力枢纽实现共享和计算，而不仅仅局限于各家企业分别使用"西部"的算力来处理自己的数据。

信任是实现数据要素流通与共享的前提基础与核心关键，"东数西算"工程这样国家级的底层基础设施提供了毋庸置疑的信用背书和资源供给。同时，国家级实力还代表了坚实的技术保障，通过隐私计算创新实现了数据的"可用不可见、可信可分配"。隐私计算将提升"东数西算"工程在数据要素流通中的作用，而"东数西算"工程的超大集群规模也将给未来隐私计算的发展和应用提供广阔舞台。

1．算法优化与数据一体化

隐私计算通过技术实现数据的"可用不可见"，让来自不同行业和企业的数据流通共享，从而发掘更大的数据价值，成为数据要素流通的理想"技术解"。其实对于隐私计算在"东数西算"或"算力枢纽"中的角色探讨并非"将来时"，而一直是"进行时"。

2021年5月，国家发展改革委联合有关部门印发《全国一体化大数据中心协同创新体系算力枢纽实施方案》，在提及促进数据有序流通时就明确："建设数据共享、数据开放、政企数据融合应用等数据流通共性设施平台，建立健全数据流通管理体制机制。试验多方安全计算、区块链、隐私计算、数据沙箱等技术模式，构建数据可信流通环境，提高数据流通效率。"

实现一体化推动算力资源和数据资源融合发展是加快构建全国一体化大数据中心协同创新体系的战略价值之一，通过多方安全计算、联邦学习、隐私计算、数据沙箱等技术手段构建数据资源可信流通环境，推动实现数据"可用不可见""可用不可拥"的新型合作机制，打造以数据共享、数据开放、数据流通等为代表的数据供应链，实现全国数据资源流通"一盘棋"局面。

由此可见，尽管"东数西算"工程直观展现出来的是算力资源的优化配置，但内在是与数据要素流通的"一体化"协同。从功效来看，如果说网络、能源、算力等有限资源通过优化配置可以变得更加"高效"，那么数据经过流通共享后发挥的"乘数效应"和衍生价值则具有无限想象空间。

2．隐私保护计算全方位助力

隐私保护计算不是一项全新发明的前沿技术，而是一系列已有技术形成的综合解决方案，其总目标是实现数据"可用不可见"。在"东数西算"工程的大框架下，隐私保护计算的不同技术路径可以从不同方面提供支持，如图 11-6 所示。

图 11-6　隐私计算助力数据流通共享

"东数西算"工程包含 8 地算力枢纽、10 个国家数据中心集群，而芯片作为算力的核心硬件，显然也给可信执行环境（TEE）的需求留出了足够的想象空间。另外，受国际贸易格局影响，不少国内企业对 Intel、AMD 等国外厂商芯片有所忌惮，因此还将推动我国信创产业的发展，一批瞄准国产芯片 TEE 的研发企业也将获得额外机会。

而对于有多个数据拥有者需要把各自数据拿出来协同计算的情况，隐私保护计算可以通过软件算法来实现，如采用基于密码学的多方安全计算（MPC）和同态加密（HE）把数据加密后计算，也可得到计算结果。但加密计算需要付出代价，相比明文计算，密文计算对性能的要求较高，一般认为密文计算的效率只有明文计算的 1% 或更低。不过，这一问题在国家级的算力面前可以得到完美解决，强大的算力可以极大提高密文计算效率。从这一点来看，隐私计算与国家算力枢纽还是相辅相成的关系。

隐私计算的另一重要技术路径是联邦学习，也就是在人工智能模型训练中采用"数据不动模型动"的基本理念，数据留在拥有者本地，无须流出，让模型"找到"数据，这样既避免数据泄露，也训练了算法。联邦学习把分散的"小数据"提供给机器学习模型，庞杂的数据无须再以中心化方式从各本地机构复制到中心"数据湖"，再由每个使用者复制到各自本地用于模型训练。由于是模型在各机构间移动，模型自身就能"汲取"越来越多的数据集而变得更大更强，无须考虑数据存储的相关要求和成本。联邦学习规避了大量数据传输，可以说是在人工智能场景中为"东数西算"工程节省了大量通信与存储资源，与工程注重能耗和减碳的理念相契合。

3．可信可行可期

过去几年里，许多案例都不断证明了隐私计算的可行性、落地前景和商业价值。全国一体化大数据中心协同创新体系和"东数西算"工程为我国数字经济发展构筑了坚实底座，也有望让隐私计算更快更好地赋能更多地区和更多行业，以发掘更大数据价值。

11.2.5 基于数据要素构建城市大脑

新一轮科技革命和产业变革在加速推进期，数字化、云服务、智能化技术在各行业中广泛应用，驱动人类社会迈向智能经济新时代。信息技术和智能技术为支撑未来产业增长，以数据为关键生产要素，以智能产业化与产业智能化发展智能经济，催生新需求、新业态的同时，驱动数据中心服务为新应用服务特性转变升级。

在数据处理服务、人工智能、算法服务等新应用的发展背景下，诞生的"行业＋场景"专属数据中心即智算中心，区别于以 CPU 为主要算力的传统数据中心，由 CPU、GPU 等多重算力组成的专属新应用，完成训练、推理、数据加工、生命科学、建模渲染、影视渲染、虚拟现实等服务。以区域为中心发展智能产业化与产业智能化，实现未来产业经济技术专项产业赋能。一个区域的"智算中心"建设公共服务平台，可以有效加速当地企业创新、服务行业发展，推动创新落地，普惠实体产业、城市管理、教育、医学、科研等多领域发展。

在各个城市智慧化发展方面，智算中心可助推政府加强治理，提升公共服务能力。作为现代政府治理主体，政府可在智算中心强大算力的支撑下开展精细化、智能化政府治理；可依托智算中心模拟建立高效精准的 AI 算法模型，在防洪减灾、地理测绘、公共卫生、自然灾害、市场监管等政府治理和公共服务场景进行应用；同时，智算中心作为未来城市 AI 算力的生产供应中心，其算力能够充分满足未来智慧城市大脑数据训练要求。

作为智慧时代关键的公共基础设施，智算中心可促进产业转型升级、加速新旧动能转化。智算中心以强大的 AI 算力为不同用户提供算法产品与服务，并将其应用到需求分析、业务流程优化、应用场景原型验证等方面，解决用户面临的业务痛点，真正实现用 AI 为传统行业用户赋能；与此同时，智算中心让算力易用、可用并大幅降低使用成本，使智慧计算像水电一样成为城市的基本公共服务，进而帮助城市中小企业、创新型企业和传统企业降低企业 AI 技术研发、应用和部署成本，增强企业创新和转型发展能力。

11.3　东数西算，典型应用场景

"东数西算"是在东部、中部、西部计算需求和计算能力不均衡的背景下产生的，东部计算需求量大，较多的数据中心也建设在东部地区，而东部的数据中心建设成本、运营成本高居不下，这些成本最后都会分摊到用户头上，将东部数据转移到西部地区进行计算是需求来驱动的。政策虽出，但并非一股脑抛弃东部数据中心而冒进转向西部地区。"东数西算"在具体实施过程当中，从规划、建设、维护等角度出发，也就是在实际操作过程当中，要从应用角度出发，以需求为引导做好规划，避免盲目上马出现"重建设、轻应用"的现象。

从过去的经验来看，国家级工程因为社会热度高、经济效益好，很容易出现各地"一哄而上""盲目建设投资"的情况，新能源汽车、芯片制造都出现过这样的情况，最后出现了烂尾甚至影响到地方经济的发展。

究其原因，就是搞建设没有真正从需求侧、从实际应用的角度出发。此次"东数西算"也是这样，不是说政策一下来，我们就马上在西部地区建几十个、几百个数据中心，然后开始计算。而是要认识到，东部地区虽然有比较强的算力需求，但这个需求不是一夜之间出现的，而是阶段性递增的。这就需要做大量的预估性调研，做好统筹规划，当然这种预估到后期也可能出现变化和调整，只有让东部和西部都觉得划算以后，才是一个最为合理的方案。

11.3.1　在线推理向东，离线分析向西

企业中有非常多需要离线分析的数据可转移到西部进行计算。这里主要是利用西部数据中心算力便宜的优势。离线数据，比如软件系统中的日志分析、每日每月报表分析、用户千人千面算法分析、后台加工、视频渲染、超算等计算能力密集度要求高的场景。在这中间增加了数据传输的过程，可计算价格便宜的优势足以抵过数据传输带来的成本。

东部枢纽处理工业互联网、金融证券、灾害预警、远程医疗、视频通话、人工智能推理等对网络延迟有高要求的业务。东部枢纽针对在线推理，实现 AI 训练、视频渲染、超算等场景。对 AI 平台的训练、在线推理等服务，用户可选择在西部数据中心运行算力密集度高的 AI 模型训练任务，将原始数据上传至西部数据中心对象存储平台，并通过 AI 训练平台调度底层 CPU、GPU 资源完成模型训练，训练出的模型再同步至东部数据中心的镜像 Hub 中并用于推理服务。

视频渲染也是算力密集型任务，将需要渲染的数据存储至西部数据中心，充分利用计算资源充足和价格优势完成视频渲染，将最终视频推流至用户端。用户会分布在全国各地并且在东部地区集中，这时以西部数据中心为中心节点，东部地区采用边缘计算节点来缓存加速视频文件和相关数据，实现就近访问。

同样，对于科研计算中的流体力学、物理化学、生物信息等高性能超算场景，也同样适合在西部地区云数据中心中进行计算。

11.3.2　资源托管

在企业上云过程中不仅仅是把所有业务和数据"All in"全部迁移至云平台，

因为企业 IT 历史原因会有物理服务器集群等状况，可选择在企业本地物理服务器集群和公有云之间构建混合架构，也可以选择将物理服务器集群托管至云平台。选择东部云数据中心，还是会有资源容量、价格等因素的影响，随着西部数据中心的建设和配套服务的完善，需要有服务器托管的用户有了更多选择。之前中西部地区用户将物理服务器跨城托管至东部云数据中心的确不便捷，现在中西部地区用户可就近选择云数据中心进行托管。

金融等行业根据合规要求的需要采用与其他用户物理隔离的机柜，甚至需要对这些机柜物理上锁锁住，在西部云数据中心中将会有更大空间和自由度来为这类托管需求的用户提供资源支撑和运维服务。

直播带货视频根据合规要求要至少保存三年，医院医疗影像、医疗诊断记录也要根据合规要求进行长时间保存，存储这些数据一方面是对容量的挑战，另一方面是价格的挑战。这些就是我们说的冷数据、归档数据，存储时间长、存储容量需求急速增加是亟待解决的问题，而东部数据中心存在天然价格高的短板，因此将冷数据存储至西部数据中心是非常好的选择了，如图 11-7 所示。

图 11-7　东部计算，西部归档

原东部地区数据中心比较集中，不同省市建设政务云以及企业上云时会选择位于东部地区的数据中心，因为东部数据中心配套的网络建设、运维服务、方案成熟度相对更高，但这样也让东部数据中心可扩展的资源空间捉襟见肘、提升了整体业务所需的成本，云厂商、IDC 厂商等都在西部地区寻找替代方案。在西部地区集中建设数据中心，能够让企业更关注每个数据中心的网络质量、运维服务能力等。中西部地区的企业、组织、政府机构就能够将之前在东部的业务和数据迁移至西部地区，例如对于内蒙古当地企业就近选择乌兰察布等地的数据中心即可，对于贵州当地企业选择本地区的数据中心，能够拉动本地数据中心以及配套服务的发展，也能充分利用当地电费便宜带来的整体业务耗费成本降低的有利之处。

11.3.3 数据存储与灾备

1. "东数西算"的数据存储

在"东数西算"场景下，存储系统面临如下新挑战：本地/近场下的热点数据如何高性能存取？海量数据如何存储及灵活迁移？如何屏蔽存储系统层次操作细节，对客户呈现便捷业务应用？

面对上述问题，存储系统要解决高性能、高扩展、易使用的问题，能够"扛得住""存得下""用得好"。满足企业关键业务云化对存储的性能要求，提供高带宽、高 IOPS、低时延保障；满足高速增长的数据存储需求，提供易扩展、高吞吐、海量文件高效索引保障；屏蔽复杂的存储系统层次操作细节，提供易部署、易操作、简洁易用的产品形态。

一是打造超高性能的存储系统，满足高端存储需求。完成云能力中心百万 IOPS 云盘能力，实现单逻辑卷百万 IOPS 超高性能及百微秒级超低时延保障。

二是面向海量数据的存储需要，提供 EB 级存储容量扩展性。完成基于统一存储引擎的第四代对象存储，多级负载均衡策略提供 Tbps 级系统吞吐、多子集群设计提供艾字节（EB）级存储规模、分级元数据管理提供高效文件索引，满足海量数据存储需求。

三是实现冷热数据自动分层、支持数据跨域自由流动。基于对象存储用户桶空间，存储集群内实现标频—低频—归档类型的数据自由迁移，且可通过"跨域复制"能力实现数据在集群间的东西向高效流动。

四是打造跨域访问文件系统，实现"数随算走、随心接入"。基于文件存储，数据的跨地域性减弱，数据资源可以快速被获取、被计算，在算网层面，文件访问是个扁平化的形式，任何一点接入，都能基于元数据进行快速的跨域访问。

面对算力网络下的新存储挑战，应时而生新存储解决方案：块存储、对象存储和文件存储。

块存储：从 IO 调度策略、IO 路径加速、数据落盘三个维度深度优化存储引擎，通过多路顺序预读、智能 IO 调度策略降低时延，通过 SPDK 全用户态无锁队列、RDMA 网络卸载技术解决上下文切换及锁抢占问题，面向 IO 全链路深度优化，打造百微秒级时延超高性能。基于微秒级时延，可有效支撑大型数据库、实时日志分析等 IO 密集型以及 AI 训练、基因测序等高吞吐型业务场景，满足现场及近场计算诉求。

对象存储：通过存储多协议协同，实现"存算一体，数随算走"，实现冷热数据智能分层和数据自由跨域流动，打破"存储墙"，连通"数据孤岛"，支持数据向算力迁移，打造"数据随心可取"的存储服务体系。

文件存储：在基于对象存储的跨域纠删能力基础上，云文件存储基于 EOS 跨域纠删（数据）及跨域 KV 数据库（元数据），有效支撑实时流媒体文件编辑等跨地域数据共享场景，实现多点接入、简单配置、随心访问。

数据、元数据分离进行存储，形成集中化元数据架构，将文件协议处理、文件元数据存储与数据存储解耦，提升文件系统元数据性能的同时，增强文件存储容量扩展性。进行跨域数据库研发，基于"灵活性 + 高可用性 + 可扩展性 + ACID+ 通用基础框架"设计原则分而治之，实现组件模块化，功能正交、减少耦合，实现在跨域场景下的故障归一，快速检测、快速恢复。通过 S3 等标准对象存储接口接入云数据中心的对象存储引擎，在统一元数据管理下，借助对象存储数据跨域纠删存储能力，实现文件存储数据分片跨域分布。

2．"东数西算"的数据灾备

严格意义上，存储与灾备虽然不是实时算力服务，但也是"东数西算"的重要业务场景。数据灾难备份，是指为防止出现操作失误或系统故障导致数据丢失，而将全系统或部分数据集合，从应用主机的硬盘或阵列复制到其他存储介质的过程。按照外部环境对数据中心设备破坏的分类来看，可以分为 IT 系统问题、网络安全技术问题、信息安全管理问题、灾害类事件问题，前三者为人为的破坏，最后者是不可抗力所导致的，对于东部地区来说以前三者为主。

数据灾备按照等级可以分为三级：数据级（数据同步）、应用级（应用接管）、业务级（非 IT 因素）。对于东部地区来说，数据级占比最大，我国"十四五"时期，灾备市场总体规模在 1500 亿元左右，数据总量平均以每年 30% 左右的速度增长，其中需要提供灾备的数据在 50% 以上。异地灾备为东部地区的数据恢复提供了较好的保障。医院的医疗影像和诊断记录、电子图书档案、人事档案、重要场所的监控数据等需要长期保存，都可以纳入"西算"场景范畴。

第 **12** 章　加速数字化转型

　　大型企业集团一般指资产规模及业务规模巨大、组织数量层级众多、涉及多个区域和产业的组织。大型企业在 ERP 时代积累了海量数据资源，随着数据量的持续提升和数据类型的多样化，大型企业集团对构建多端输出能力、实现共建共享、赋能业务管理、驱动基层活力、完成价值引领具有较为迫切的需求。

　　数据作为一种新型生产要素蕴含着巨大价值，需持续释放数据红利、构建数据应用生态、拓展价值管理边界、引领价值创造和资源优化配置、支撑商业模式创新并防控经营风险，实现生态圈价值共赢。大型企业集团在新形势下，充分应用语音交互、机器学习、人工智能、边缘计算等数字化技术，为财务运营及创新注入新的活力。

　　通过新技术的应用，能够动态监测数据质量，持续优化预警规则，有效识别数据深层次的特征与规律，将数据查询与报表分析思维成功转化为"学习—分析—预测"思维，协助制定更优的管理决策。算力作为释放数据优势、推动数字经济创新发展的重要数字基础设施，已经纳入国家战略规划。

　　在国家"网络强国、东数西算"等战略的牵引下，打破原有的孤岛状态，算力数据将在不同的算力中心间产生转移，数据的交易和转移亟须可信可管、供需匹配的算力交易平台。基于此背景，我国算网交易呈现出多元化交易模式。

- 对于企业用户而言，算网交易不仅提供高质量的算力服务，而且可降低企业进入需要大规模计算行业的壁垒，如智慧交通、智慧医疗、智慧工厂、智慧安防等领域。

- 对于科研机构而言，算力交易平台提供便捷的大规模科学计算，优化资源结构配比，多方算力资源融合大幅缩短科研机构研发周期，提高创新成果产出率。

- 对于各地区而言，东、中、西部地区可以通过算力交易平台进行资源整合和传输，可使用相对低能耗、低成本的算力资源，推动各算力节点的联动，实现全国算力调度，形成各地区算力适配的系统创新生态网络。

应用场景的多元化对数据中心功能定位提出了新要求，数据中心已经不仅仅是承载云计算、大数据及人工智能等数字技术应用的物理底座，也正在成为一种提供泛在普惠算力服务的基础设施，广泛参与到社会生产生活的各个领域并实现全面赋能。

12.1　云边协同数据应用

数字化转型推动信息时代向智慧时代演进，智慧金融、智慧交通、智慧零售等各行各业的数字化、智能化发展，为生产、生活带来极大便利的同时，也对底层基础设施提出更高要求。呼唤一个全新的架构、体系，去突破重重挑战，真正实现数据共享、云边协同、敏捷高效的数字化体验，推进数实相融，推动质量变革、效率提升。

云边协同，是在云中心侧以领先的开放网络平台为核心，打造高性能、低成本、弹性可扩展的解决方案，通过新一代边缘网络平台，融合传统有线、无线网络，打造低延迟、实时可靠的边缘网络。最后，融合物联网生态，共同构建云边端协同的智慧连接，推动算网融合。

12.1.1　车路协同应用场景

由于近距离部署，在数据源侧的计算可提供边缘智能服务，在车路协同中能够发挥极大的作用，特别是随着机动车数量增长、交通压力猛增的情况下，通过计算的实时信息快速分析，能够为交通管理效率带来更大的提升。

边缘侧的计算服务器可以发挥近距离部署的优势，及时获取路况信息，如果是紧急事件，就直接下发给车 / 路设备，提醒各方及时处理；如果是可能影响全局的数据，就上报给中心云，由中心云计算决定是否追加下发，同时协助中心云绘制出整体交通态势图，如图 12-1 所示。

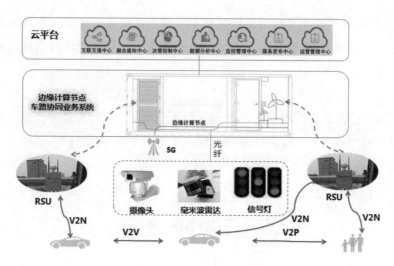

图 12-1 车路协同系统组网架构

车路协同是智慧交通的重要发展方向之一，通过具体场景应用分析可以更好地说明车路协同系统的运行。以行人穿行预警为例，车辆行驶到路口时一般要减速，防止与行人或非机动车碰撞。但由于驾驶者的视觉盲区或行人不守交规现象的存在，路口事故仍然常常发生。在车路协同系统中，路口部署了摄像头和毫米波雷达进行实时监控，边缘节点基于行人的实时位置和信号灯的状态进行计算，将红灯或靠近车道的行人信息进行下发，协助驾驶者做出减速决策。边缘侧云也可以将初步分析后的行人数据上报给中心云，中心云根据大数据预测行人行动轨迹，将离路口有一定距离、但正在接近路口的行人信息追加发送给车辆，进一步降低事故发生率。这个场景中，边缘节点快速响应路口实时出现的意外状况，中心云统一处理计算量大、俯瞰全局的数据，做到交通数据的最大化利用，如图 12-2 所示。

12.1.2　IoT数据本地处理助力智能制造

随着工业互联网的快速发展，"工业 4.0"和"中国制造 2025"加速了制造企业的智能制造步伐，利用在数据贴源侧的计算特性可以更好地辅助和推动智能制造在传统制造行业内的实践。数据边缘计算是一种分布式的技术，是在低延时、高带宽、广接入的背景下发展起来的技术，更贴合制造业对边缘快速处理场景的需求。

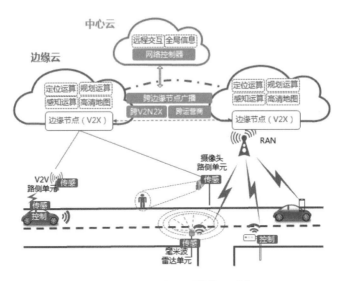

图 12-2　行人穿行预警协同系统

　　工厂侧可以利用贴源侧的计算网关直接对本地数据进行采集、清洗、存储、分析等实时处理操作。同时，边缘计算还可以提供多协议转换的能力，实现多种工业设备的统一接入。产线设备对数据的交换延时非常敏感，若要更好地利用边缘计算的能力，还需要不断地研究探索，根据不同的场景提出更专业、更贴合实际的部署方案。

　　以汽车制造为例，每天工厂要下线的车辆数超过千万台，各种零部件在流水线上川流不息，按照设计工艺组装成不同的车机型号交付给最终客户。在这个过程中，质量把控是一个关键流程。质检人员每天要完成上千万个零件的检验，差不多平均每分钟要检测数十种配件，在车机下线前还要进行整车检查。在销售旺季，质检人员连续工作超过 10 个小时的情况很常见。在这种检查的模式下，质检人员工作负荷大，人员精力跟不上，易出现漏检、错检的情况。为此，汽车制造企业考虑如何减轻质检人员的工作压力，提高产品质量，已成为一个亟待解决的难题。

　　利用边缘计算的算力，可以很好地在数据最近的线边收集、分析和处理数据，结合深度学习、图形算法及 AI 技术，形成一套行之有效的工业线边侧的智能化图形质检解决方案。利用边缘侧的服务器，通过实时读取质检图片、分析图片内容、定位缺陷，判断缺陷类型，进行智能告警，而无须将所有的数据上传到云端进行计算，造成延时过大的问题。这样既满足了就近分析的业务需求，也满足了生产对于网络延时的要求。与此同时，也可以与云平台相结合，将这些历史数据反馈到云端，做进一步的分析，为后期的边缘计算中的图形算法进行优化。利用边缘计算网络及图形化的 AI 质检方案，可以快速、精准地捕捉质检中常见的缺陷，不会造成大量漏检、错检，提升员工效率的同时提高产品出厂质量。

智能化工厂首先要实现的就是一切资源数字化，利用边缘侧的分布式计算架构，实现 IoT 网络构建，获悉终端设备的各种运行数据，从而存储和分析，智能地做出方案，提供决策依据。如工厂的智能水表、智能园区、智能消防等，数据传输到最近的贴源侧的计算节点进行实时分析处理。在工厂车间，物联网可以从生产设备到生产零件，从传感器嵌入式自动化控制到能量计，从车到仓库的智能货架，连接各种制造资产，提升制造效率的同时，使工厂更加智慧。

从智能制造及数字化转型的发展趋势来看，利用边缘侧服务器的算力在智能制造领域的落地是必然的，也是大势所趋，尤其是在车联网风头正热的汽车制造业。边缘侧的计算作为云计算的有效补充，已经成为未来数据中心的标准配置，加上物联网、车联网、AI 图形处理、云计算、大数据、人工智能等技术的加持，现在已经成为汽车制造企业转型为智能制造企业的最佳窗口。

12.1.3 云边协同在云游戏场景中的应用

传统意义上的云计算（中心云模式）面临带宽、时延、连接质量、资源分配、安全等多方面的挑战。为了处理和应对传统云基础架构可能满足不了的应用和场景所带来的困境，在端侧更加有效率、针对性地采集、传输和处理数据，贴源侧计算概念应运而生。其是将云计算的一部分能力，由“集中”的机房迁移到网络接入端的边缘，从而创造出一个具备高性能、低延时与高带宽的服务环境，加速网络中各项内容、服务及应用的反应速度，让消费者享有不间断的高质量网络体验。

云游戏面临的最大挑战就是实时性（时延），其与游戏的体验息息相关。云游戏的实时性要达到一个可令玩家接受的程度（50ms 左右），不仅要依靠硬件和网络本身的性能，同时还需要足够的带宽才能做到。因此，边缘计算与云游戏的结合顺理成章，如图 12-3 所示。

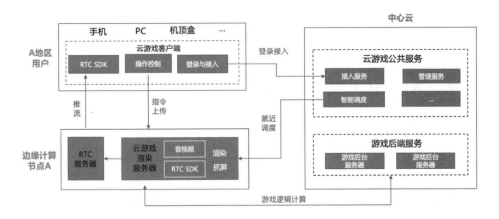

图 12-3　基于边缘计算的云游戏业务架构

1. 云游戏业务架构

一般云游戏业务架构主要由本地客户端、云游戏公共服务、云游戏后端服务、云游戏边缘节点四部分组成：

（1）**客户端**：用户需要在本地的设备如手机、PC 上安装集成云游戏相关解码、用户管理、操作控制等能力的客户端。

● 实现用户的注册、登录鉴权等，向云游戏业务平台请求获得对应的云游戏服务。

● 发送本地控制设备如键盘、鼠标指令到云游戏实例。

● 接收来自云游戏平台的视频、音频流，并实现解码与展示。

（2）**云游戏公共服务**：游戏接入服务、运营管理、智能调度等，主要部署在中心云。

● 用户账号开通和管理、服务订购和结算等。

● 业务场景、游戏应用、实例容量管理等运营。

● 根据用户地域、网络、游戏算力等从云游戏实例资源池为用户分配合适的云游戏实例。

（3）**云游戏后端服务**：负责接收云游戏边缘节点上云游戏服务器的输入进行逻辑计算，并将结果返回给云游戏服务器。云游戏后端服务根据游戏业务对时延的要求，可统一部署在中心云，也可以在每个边缘侧单部署一套。

（4）**云游戏边缘节点**：主要以多地域的边缘计算节点实例作为资源池，

为云游戏提供运行的环境。

- 云游戏业务平台按照地域、网络、游戏算力等信息,为用户智能调度就近的云游戏实例。
- 提供如 X86+GPU、ARM 等类型实例,为不同云游戏提供多种实例规格。
- 游戏应用运行在该实例上,在对用户本地端侧指令解析后,进行逻辑运算、渲染、抓屏、编码,然后通过音视频传输如 RTC 等推流到用户本地客户端。

2. 边缘计算应用价值

在整个环节中,边缘计算作为对算力资源的补充,能够有效解决云游戏面临的时延、带宽、成本等问题。

- 边缘侧部署云游戏实例,大幅降低云游戏时延。

在全国乃至全球广泛分布的边缘节点部署云游戏实例,通过智能调度技术,根据用户地域、网络、游戏算力要求等,为用户分配就近的云游戏实例,实现就近接入、就近渲染,减少传输链路,大幅降低全局云游戏玩家的平均时延。

- 高性价比的边缘带宽,助力云游戏流量成本优化。

云游戏画质是云游戏体验中的另一关键要素。画质要求越高,对分辨率、帧率、码率等要求越大,网络通量要求也会越高即网络带宽要求越大;如果带宽不足,则出现丢包,从而可能引起画面卡顿和花屏。以 PC 显示器上运行 1080P@144fps 的《英雄联盟》为例,在平均 30Mbps 推流码率下,48Mbps 以上带宽可以有比较稳定良好的画面体验。

带宽成本支出是云游戏服务厂商的主要支出之一。从当前带宽市场来看,广泛分布在二、三、四线城市的边缘节点带宽成本是中心云(一线城市)带宽成本的 1/6 ~ 1/10。因此,通过贴源侧的计算部署云游戏实例并使用边缘带宽,大幅降低了对中心云带宽的需求,从而有效降低了云游戏带宽成本。

- 计算分布式部署,提升整体并发能力。

云游戏和传统游戏类似,都会经历上线期、成长期、黄金期与衰退期,因此也需要弹性、按需的资源来满足不同阶段的业务需求;同时在大促等突发场景下,也要求算力资源与带宽资源快速、按需扩容。当前各云服务厂商的边缘计算服务,除了支持资源的按日、按月计费外,还支持更细粒度的计费方式,助力云游戏服务厂商在资源层面的精细化按需运营。

● **丰富的边缘侧服务，助力云游戏高效运维。**

云游戏需要维护大量的边缘侧计算节点来支持不同版本与种类的游戏，而且游戏一般都比较大且更新频繁，需要及时处理游戏自动更新、分发、同步等问题。边缘侧丰富的服务可助力云游戏高效运维的达成。如通过边缘负载均衡可准确控制云游戏的灰度切量发布；借助边缘自定义镜像、镜像预热功能可指定多个边缘节点，实现资源的快速扩容等；借助边缘云存储服务、边缘内网互通等功能，快速实现云游戏的更新与分发。

边缘计算通过广泛分布的节点、高性能多类型算力、高性价比大带宽、灵活按需、丰富云服务等优势，让云游戏场景在体验（低时延、高画质）、成本、运维等大幅优化，助力云游戏的商业可行与商业腾飞。

12.2　赋能 AI，推动智能应用

12.2.1　助力生命科学

在生命科学领域，一是生物世界数字化，产生了天文级的组学数据，基因组学、蛋白质组学、转录组学、细胞组学，这些组学数据再加上各种组合带来的数量是天文级的。二是整个生物的实验，干实验和湿实验完全闭合，走向自动化，未来越来越少的人介入，这是在实验范式上很大的突破。三是人工智能科学计算，现在的生物世界里面，更多的是分子动力学，未来 AI 将走进科学计算。AI 在生命科学方面的进展，如基因编辑，编辑的基底清楚之后，AI 算法可以更精准地找到治病基因，治疗的方式让靶点更加准确，其实就是把这个搜索空间大大减少了。

另外，我们不仅仅可以做小分子的制药，也可以做大分子、抗体，以及 TCR 个性化的疫苗和药物，还有 AlphaFold 在蛋白质解析方面的进展，从一维的序列到三维的结构、功能，都会加速发展。其次，随着高通量自动化的实验发展，新的范式正在构成。新冠疫苗的研发就是一个例子，从 2020 年 1 月基因的序列被发布之后，可以看到，3 个月之后，蛋白质的结构很快就解析出来了，1 个月之后，病毒和人的交互方式就被解析了，很快灭活疫苗研发成功，这在人类历史上是最快的一个周期，仅不到一年时间，新冠疫苗就被研发出来了。

很重要的是，我们发现这里面有非常大的挑战，人工智能或者说计算机科学，其和生命科学是两个不同的语言体系。过去的合作方式都是比较机械的，或者是生物科学家去调程序包，或者把算法用到生命科学领域。为了打通两个领域，我们做了一系列的工作，从硬件层到数据层，然后到算法层，这些工作叫作"破壁计划"。

随着数据更多、算力更大、算法更新，我们希望做的是，把这样一种方法论用到更广阔的领域，不仅是蛋白质，还有抗体、基因预测等方面。如图 12-4 所示，生命科学家利用 AI 构建深度学习模型，破解生命密码。

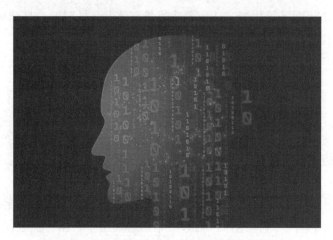

图 12-4　利用 AI 技术建立人体生命科学分析模型

12.2.2　助力绿色计算

人工智能在绿色计算双碳领域也有重要的应用。当环境与气候已经成为一种挑战，碳中和是可持续发展的必然选择，同时也是能源结构调整的大机遇。

人工智能在这个领域也有很多应用。一个方向是物联网，做 AIoT，首先，是要感知这个世界，知道碳排放、能源从哪里来、怎么消耗的；其次，有了数据之后，就可以用算法进行智能决策，然后配置资源、进行资源循环。比如在能源融合方面，怎样让火电、核电、水电、风电、太阳能更好地融合到电网里去，在供电、储能、用电各环节进行数据监控、优化、感知和均衡，这是大问题，人工智能算法会在其中扮演不同角色。

讲到双碳排放，IT 行业和 ICT 行业也是一个大的排放源。数据中心运行的大数据、大计算产生了很多排放；5G 本身是特别好的技术，但由于需要很多基站、天线，所以功耗也比较高；另外，大的算法、模型也有很多排放。

众所周知，5G 用的 Massive MIMO 里面有很多基站，这样计算一下，比如 50 个基站就有 64 个 MIMO，组合数就很高了，正常应用的时候还要做最优的布阵、部署，有很多种可能性，数量绝对会达到天文级。利用人工智能算法，将真实的基站加上一些模拟的场景，包括一些离散正向学习算法，使得功耗降低了 15% 左右，同时 5G 网络覆盖质量提高了 5% 左右。后续不断优化，效果将更好。人工智能算法在很多领域都会有应用，应用之后可以起到很好的效果。如图 12-5 所示，通过 AI 实现 5G 基站的绿色建设。

图 12-5　AIoT 实现绿色计算

12.2.3　推动自动驾驶落地

汽车产业已有上百年的历史，这个产业最近在经历百年未有之大变局，无论是产业结构还是技术要素都进入了新阶段。其中，智能化是无人驾驶最关键的环节。为什么这么说？首先是更安全，90% 以上的交通事故是人为事故，而自动驾驶可以把它降到最低；其次是更绿色，它的效率更高，可以节能减排。

我们开车的时候是在用最安全且实时的方式，加上对时间的预测，构建一个三维环境场景，做这件事是很难的。其中很重要的是，要有大量的数据、做很多测试、不断改进算法。在实际驾驶中，永远都会遇到此前训练中没有的场景。很多时候，AI 都能预测，泛化的能力是人工智能的一个大挑战，对自动驾驶、无人驾驶更加重要，因为一旦出现问题，就关乎生命安全。如图 12-6 所示，通过 AI 实现车辆多传感器的安全驾驶。

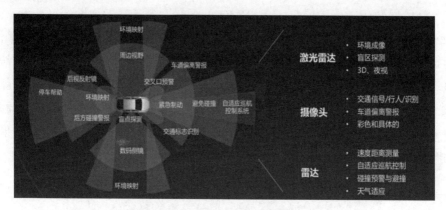

图 12-6 车辆安全行驶多传感器场景

关于视觉与多传感器的问题，原则是能拿到多少数据就拿多少数据。新的传感给我们提供了新的数据和新维度的信息，AI 的感知能力是唯一可以超过人类的点。摄像头、激光雷达或各种不同传感器可以看到人类眼睛看不到的东西，这是 AI 的优势，必须加以利用。运用视觉也可以实现无人驾驶，但因其本身的鲁棒性及安全性受限；而用激光雷达加上算法，就可以检测出深度的信息，分辨车、行人，分辨运动或不动的物体，这就是有深度、有结构的物体信息。所以视觉摄像头和激光雷达相结合是最佳的方式。

12.3 数字化、智能化推动企业发展

近年来，政府工作报告始终将"数字经济"摆在关键位置。从"壮大数字经济"到"打造数字经济新优势"，再到"促进数字经济发展"，数字经济正在推动生产方式、生活方式、治理方式发生深刻的变革。

企业如何进行智能化转型升级？企业要完成数字化转型，必须明确目标，以"AI+ 知识管理"驱动工作方式激发智能化变革，通过智能工作推动企业的数字化进程，通过数字化转型拥抱新机遇，在改变工作方式的同时降本增效，推动数字化时代的可持续发展。

虽然不同行业和企业的发展具有不平衡性，但企业及组织都面临着几个共性需求：一是对数据、信息、知识激增的管理需求；二是打破壁垒高效协同的需求；三是员工日益增长的智能化需求。而要实现以上需求，依赖于企业决策信息流的高速流动，这需要高效的数字化信息系统来作支撑。

12.3.1　知识管理，助力企业智能化"蜕变"

知识管理，通过知识库加强知识创造、沉淀和协同，结合统一搜索、智能推荐等能力，加速知识的流动和应用，让企业知识资产"转"起来，实现知识共享。

围绕知识管理这一核心，打通了"通信、工作、知识"三大工作场景，在此基础框架上，不断集纳更新智能工具和智能技术，形成了一套智能工作闭环。同时，基于人工智能领域的技术积淀，一方面，协助有需要的员工通过搜索，快速获取相关事项的知识内容与人事信息；另一方面，工作总结、项目方案与复盘数据等分享到知识库，系统会自动推荐给需要的员工，让知识真正"流动"并应用起来。

企业在转型中的数字信息安全也尤其重要。首先，在安全机制上做了全面保障：数据基础安全、平台基础安全、客户端安全、通信安全。其次，在服务的方式上兼顾通用型与专有型：公有云 SaaS 有通用的安全保障；针对大型企业，通过私有化服务来实现更具针对性的专有安全需求。

12.3.2　从企业数字化到管理决策智能化

数字化不仅仅是信息化，信息化解决了大部分业务管理和流程线上化，但仍然不能在企业管理过程中及时提供更多支撑决策的有效数字资产。

面向复杂多变的市场环境，为客户厘清海量数据埋藏的逻辑本质，深挖"票、单、证"数据资产管理决策价值，借助人工智能、大数据等主流技术，构建独特的数字化决策能力。

根据国家级信创标准，发挥数字证书、电子签名、电子印章、身份认证、版式技术等优势信创技术，构建企业数字化基础设施。在理解客户业务的前提下，深度挖掘发票、单据、业务凭证等高价值数字资产决策能力，结合用户的现实需求与市场变化趋势，建立适配客户的专项主题分析能力，将海量的数据浓缩为直观的商业关系，帮助企业快速生成决策。如图 12-7 所示，通过智能化实现智能管理决策。

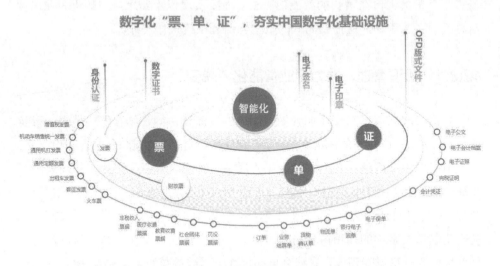

图 12-7　数字化管理决策

"票、单、证"的信息全面记录了一个企业在运营过程中的操作轨迹。通过数字化、智能化的技术能力，帮助企业将业、财、税系统的数据进行标准统一的融合，分析上下游企业的关联信息，勾画出企业实时画像；结合专业的分析模型，对数据进行推断性的统计分析，为企业建立对市场、供应商、税收、风险等领域的洞察能力。

在企业市场运营过程中，发现 70% ～ 80% 的企业对于经销商的掌控存在疏漏。大部分企业对于一级经销商能做到全面掌控，但是对于二、三级经销商的信息存在误区。出于种种原因，商品在二、三级经销商的层面可能会出现库存积压、降价销售等现象。前者可能会引起企业对于市场的认知失调，后者可能会对商品形象、营销计划造成伤害。在智能化驱动企业运营决策过程中，一方面，可以通过供应链协同体系的构建帮助企业，打通数据链条，实现端与端之间的信息对称，建立对供销体系的深入把控。另一方面，面向市场的认知梳理，立足于从产业、区域的视角，为企业展现全面的市场格局，避免出现一叶障目的误区。如图 12-8 所示，通过 AI 实现从数据到认知的构建。

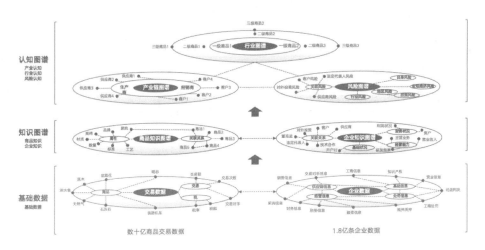

图 12-8　从数据到知识到认知的图谱构建

利用大数据、人工智能等前沿技术为企业赋能，帮助企业建立对行业的"票、单、证"信息的正确处理能力，围绕着关键标签、关联信息、权重加权等关系，进行分析、建模，为企业进一步生成围绕商品、企业的知识图谱，支撑企业从产业链的角度审视管理能力。

以"商品价格""价格波动""区域流通"等为节点，便能为企业生成时间轴、商品线、区域面等不同的分析主题，让企业对自身产品、业务在大市场环境下的角色、权重建立正确的认知，从而实现前沿技术辅助管理的智能决策孵化。如根据特定区域经济的发展特征，制定适配的商品销售策略；如根据行业的走势，制定合理的营销手段；如根据供应商的信用评价，制定不同的合作机制；等等。

第13章 让生活环境更美好

13.1 智慧家庭

智慧家庭是什么？一言以蔽之，就是让智能深度融入你的家庭生活中，从而使你的生活体验变得更棒。初级的智慧家庭至少会服务于人们在融合通信、家庭娱乐、远程控制三个方面的诉求。

"融合通信"表现在移动、固定、语音、VoIP 的全面融合，以及家庭成员间的分享和互通。比如各大运营商都在大力发展捆绑业务，以"家庭宽带＋手机＋家庭短号＋流量共享"的组合，最大程度地从家庭沟通行为角度来提供通信服务。

"家庭娱乐"能为你提供高清电视、4K 视频、互动游戏等各色内容和服务。比如三大运营商正在热推的 IPTV、互联网电视等都属于家庭娱乐的范畴；另外，伴随网络带宽提速，类似格来云游戏、小米电视游戏、腾讯电视游戏等一大波游戏运营商都在通过云技术部署大型 3D 游戏，使其绕开终端能力的限制，只要网络满足条件，任何游戏都可以流畅运行；家庭娱乐服务正变得越来越丰富，市场也越来越成熟，俨然成为当下最热门的领域。

"远程控制"使你能在任何时间、任何地点控制家庭中的任何智能设备。这方面，小米表现非常出色，小米围绕着小米手机、小米电视、小米路由器三大核心产品，通过小米 App 可以连接并控制小米生态链企业的所有智能硬件产品。

以上三类服务只是智慧家庭的初级服务形态。随着"人工智能"技术越来越成熟，未来智慧家庭中还会出现机器管家的角色，这位机器管家可以连接并控制所有的家庭设备，而你只需与机器管家做好沟通，向它下达指令，完成不同场景下的需求。正如电影《钢铁侠》中的智能管家贾维斯，它能独立思考，并帮助主人处理各种事务，成为托尼不可缺少的工作伙伴，试想如果能有这样聪明、能干的家庭管家，试问又有谁会拒绝。未来，智慧家庭业务形态以及业务内容极具想象空间，各路"豪杰"汇集于此，摩拳擦掌，只为"大战一场"。

未来，谁能提供全面的智慧家庭服务，谁就能成为这个领域的超级运营商（智慧家庭运营商）。传统电信运营商面对当下的机遇与挑战，必须主动出击，努力向超级运营商（智慧家庭运营商）转型，引领智慧家庭产业。

13.1.1　以家庭宽带作为智慧家庭服务的入口

随着传统电信业务收入和利润增幅的下滑，智慧家庭成为运营商的必争之地，为夺取智慧家庭市场，家庭宽带业务重获战略地位，全球运营商均通过宽带业务向智慧家庭延伸。

运营商的智慧家庭业务天然具有与网络管道能力相结合的优势，这是产业中其他玩家所不具备的。因此，扼住智慧家庭的网络入口，是运营商迈向智慧家庭运营商的第一步，扼住入口才有机会打造平台，拥有平台才有可能构筑生态。三大运营商以及一些小运营商早已加入"混战"，在宽带接入服务的基础上推出了自己的智能网关、智能路由器等硬件产品，智慧家庭入口之争变得更加激烈。

由此可见，抢占入口制高点，累积庞大的存量用户群，而用户规模将直接决定着未来运营商是否有足够筹码整合智慧家庭产业中的各方资源。

13.1.2　以互联网电视作为家庭娱乐操作系统

宽带接入、智能网关以及智能路由等服务仅仅能帮助客户将智能设备更方便地接入网络中，但不能很好地黏住用户，更不便于与客户互动。与客户互动频次最高，有望成为智慧家庭操作平台的设备，除智能电视（家电厂商内置电视盒）外，还有独立的互联网电视盒子。互联网电视盒子由于玩法更多，能看高清电视、电影，能自由安装应用软件，能玩游戏，甚至还能集成家庭网关能力，因此成为运营商布局智慧家庭娱乐服务的首选。

互联网电视不仅仅定位于电视，更应该成为整个家庭娱乐的云操作系统。未来，包括高清电视、高清电影、音乐、游戏、OTT 应用、电商购物、设备控制等一切家庭服务都将聚合在这个操作系统之上。

事实上，全球大多数运营商都在积极布局互联网电视业务，并努力打造自己的家庭娱乐操作系统。早在 2014 年，AT&T 通过收购北美电视网 Direct TV，布局发展内容服务产业。而中国移动、中国电信、中国联通等运营商则通过与 CNTV、百视通、华数等持有电视牌照的企业合作，推出各自的 IPTV 业务以及家庭娱乐操作平台。小型民营运营商鹏博士则推出了大麦智能电视，形成了"硬件＋内容＋广告＋应用＋宽带"的独特模式，开创新的家庭娱乐商业模式。

13.1.3　以能力开放来构筑智慧家庭产业生态

打造家庭娱乐的云操作平台的同时，另一项重要工作则是吸引更多内容、服务、应用以及智能设备加入到平台中，共同服务于家庭用户的各种场景。因此，运营商迫切需要在云操作系统之上构建能力开放体系，鼓励合作伙伴参与，共建繁荣生态。

智慧家庭产业链较为复杂，各方都想成为产业的主导者（接管用户的控制权），目前市场中充斥着各种私有技术和协议，导致设备间无法互联互通。 比如苹果想将控制点放在智能手机和 iPad 上，通过 HomeKit 智能家居平台统一管理；海尔则是在用户家里放置一个家庭网关，通过家庭网关控制用户家庭的智能硬件，并通过海尔手机 App 远程管理；飞利浦的 Hue 智能灯泡需要一个 ZigBee 控制网关和一个手机 App 作为控制界面。这种各厂商控制点和用户界面不一样的现状，导致了用户在使用智慧家庭业务时，需要购买多个网关、安装几个甚至十几个客户端，使用起来非常麻烦，而且这些智能硬件之间很难协同工作，造成客户体验非常差。

运营商在用户家庭中掌握着两个最重要的控制点，一个是家庭网关（比如 ONU 终端），另一个则是互联网电视操作平台（智能电视或互联网电视盒子）。这两个可作为运营商开展智慧家庭业务的核心控制点，利用它们，可以实现不同厂商设备的统一的管理、控制以及统一的用户界面，使得设备间能更好地协同。要实现这些体验，运营商必须将这些控制点、通信管道、用户认证、业务计费、云储存等能力开放给智能设备商、应用服务开发商、内容供应商、家政服务机构等合作伙伴。比如可以将运营商网络的带宽、时延、QoS 以及计费等能力封装为 API，供不同智慧家庭业务灵活调用，从而打造差异化、匹配不同类型宽带用户需求的智慧家庭业务。通过打造家庭能力开放平台，聚合优质资源，覆盖丰富的智慧家庭生活场景，将是运营商布局智慧家庭业务必须迈出的重要一步。

　　总体而言，智慧家庭产业已经成熟，市场开始进入爆发期。运营商在智慧家庭市场具备网络接入、统一控制点、用户规模以及线下运维四大优势。这些都是其他玩家所不具备的核心能力。作者认为，运营商需要发挥综合优势，以家庭宽带作为智慧家庭服务的入口；以互联网电视作为家庭娱乐的操作系统；以能力开放来构筑智慧家庭产业生态；这三步是成为智慧家庭产业整合者/主导者的前提，也是通往超级运营商（智慧家庭运营商）的必由之路。如图 13-1 所示，通过 AI+ 数据，构建智慧家庭。

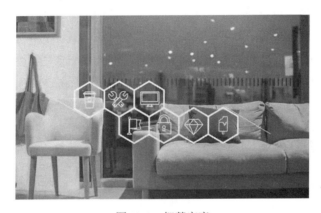

图 13-1　智慧家庭

13.2　智慧社区

　　真正的智慧生活，不仅仅存在于家庭，也不仅仅来自整个城市，智慧社区同样是其中的重要一环。近年来，随着人工智能的不断发展，越来越多的人将人工智能与智慧社区相融合，探索智慧社区的新形态。

　　智慧社区一般是指通过利用物联网、云计算、移动互联网等新一代信息技术来提升社区生活服务水平。在算网时代，社区作为数据生产与计算的重要一环，既能通过各类监控、传感、服务类应用等采集、生产各类大数据资源，又能作为边缘节点，承担数据的就近计算，并通过算网，形成社区边缘计算与城市管理云计算之间的协同，让城市管理与社区生活更加融合，进一步为居民的美好生活赋能，为社区居民提供一个安全、舒适、便利的现代化、智慧化生活环境，从而形成基于信息化、智能化社会管理与服务的一种新的管理形态的社区。

13.2.1 智慧物业

可以对小区情况一目了然，有社区居民投诉保修，可以及时派人进行处理，实时查看维修进度；通过巡更系统，更是能清楚了解物业人员的所在位置，提高了人员管理水平，突发事件也可根据现场情况和人员位置及时安排处理；通过手机 App 缴物业费，减少了人员收费漏洞，也提升了收缴率，可直接在平台发布物业通知、社区活动事务，避免了传统的通知不到位或者通知过于复杂的情况，且物业公司可以和周边商家签订合同，形成"一公里"生活圈，收取周边商家的广告费，提升了增值收入。如图 13-2 所示，构建智慧物业管理。

图 13-2　智慧社区的智慧物业管理

13.2.2　智慧社区生活

业主可以通过手机 App 缴水电费、物业费、卫生费等，也可通过手机直接联系周边外卖、换锁修锁、疏通下水道、家政服务、电脑维修、社康服务等一系列的便民服务，家里有东西需要维修时，直接在手机 App 上提交投诉保修申请，实时查看维修进度，更可以给物业维修人员进行评价，有态度不好的直接进行投诉。亲戚朋友来访时，不用物业登记、反复联系确认，业主可以自己邀请，只需输入访客手机号码和车牌号，就会生成一个临时密码发到访客手机上，二十四小时内到访可通过密码直接开门，避免烦琐的程序，访客离开后，代缴停车费用。提升了业主和访客的体验感，让业主不再感受到被"管"的烦恼。

总之，智慧社区的建设，是把智慧城市概念引入社区，以居民体验感和物业便利为出发点，将是一个以人为本的智能管理系统，有望使人们的工作和生活更加便捷、舒适、高效，从而推动社会发展。

智慧社区的建设应始终坚持以人为本。智能平台怎么建、为谁服务、达到什么目的，不靠领导"拍脑袋"，要靠走访调研找到社区居民生活中的痛点、难点而设计。一句话，智慧社区建设的目的是"智惠"居民。应坚持问题导向、需求导向，建设智能门禁系统，并将系统与中心数据库相连，强化源头管理，保障小区居民生活安全；根据居民需求，线上不仅有党务、政务信息与服务，还要有物业、志愿和商业等服务，形成线上服务和上门服务互补的立体服务。要以人为本、需求导向，避免智慧社区建设的盲目性，实现"按需点菜""供求平衡"，使智慧服务下沉到居民身边，才能真正"智惠"居民。

13.2.3　智慧社区管理平台服务

通过智慧社区管理平台可以实现如下智慧社区服务。

1．信息管理建设

社区信息管理的建设与应用将会在提高社区居委会办公效率的同时，促进社区居委会工作规范化，使各级部门紧紧围绕着社区这根"线"，为社区服务、为居民服务。与此同时，社区信息管理建设还为数字民政与数字社区的建设奠定基础，在维护社区建设成功的基础上实现新的飞跃。

社区信息管理主要包括社区基础建设信息、社区家庭与人口、计生管理信息、社区党建信息、社区档案信息、社区治安信息、社区商户入驻信息、社区医疗机构信息、社区教育机构信息等，如图 13-3 所示。

图 13-3　智慧社区建设

2．政务信息建设

社区政务信息的建设主要实现社区管理政务信息的共享和信息公开，随着政府阳光政策的推行，社区管理将推行管理工作的四个制度：①重大决策听证制度；②重要事项公示制度；③重点工作通报制度；④政务信息查询制度。因此，智慧社区的建设，社区政务信息公开是必不可少的，包括政策法规、重要活动的通报、专项工作动态公告、社区管理动态等信息公示及查询，体现社区管理的有序、公正、透明，为打造文明社区奠定坚实的政务基础。

第14章　"算力网络＋大数据"发展展望

在数字经济时代，数据、算法、算力正成为关键词。算力基础设施是承载算力的载体、是构筑数字经济蓬勃发展的基础支撑底座。随着顶层设计的不断完善和实施环节的细化深入，算力将发挥出数字经济时代新生产力的关键作用，为数字中国建设添砖加瓦，为数字经济的发展注入更强动力！发展算力并不是简简单单的建设数据中心和算力枢纽，而是一个系统工程。网络建设、数字化人才、数据治理、应用场景、市场主体、营商环境等，各方面事情需要统筹谋划与有序建设，才能促进算力资源全面覆盖，满足算力资源高效连接、按需分配、灵活调度，这也是未来算力发展的重要方向！

14.1　数据安全与隐私保护

1. 解锁数据价值，隐私安全计算必不可少

在智能时代，数据被视为重要的生产要素。2021 年 11 月，工业和信息化部发布了《"十四五"大数据产业发展规划》，大数据产业迎来更快速的发展期。预计到 2025 年，大数据产业测算规模突破 3 万亿元，年复合增长率保持在 25% 左右。随着数字经济快速发展，激活数据要素潜能成为关键议题。然而，数据作为生产要素，有其独特的特性，使得如何高效、安全地利用数据成为一个非常有挑战性的问题。

数据采集、汇集、存储、加工、安全计算、分析、服务等相关技术成为解锁数据价值的支撑，数据安全技术贯穿始终，如图 14-1 所示。

其中以隐私安全计算为代表，是实现数据价值输出的关键环节。隐私安全

计算技术是指以区别于传统数据安全的方式，通过数据不出域的本地化计算，实现数据价值的分享，从而既规避数据泄露的安全风险，又能让数据价值流通起来，提升数据资产价值。基于隐私安全计算技术，通过不同信任假设和应用场景选择不同的技术栈，如多方安全计算、同态加密、联邦学习、安全沙箱计算、可信执行环境等安全计算方式，有效解决数据隐私安全保护和开放应用的矛盾，同时具备数据全生命周期管理以及数据驱动的差异化 AI 应用三大核心能力。基于这套能力，能够从单体平台到平台联盟，构建数据网络，通过连接的力量发挥网络效应。

生命周期	采集	存储	使用	加工	传输	提供	公开
分级分类	√			√		√	
脱敏与去标识化			√			√	
衍生数据防护				√			
数据水印与溯源						√	
API安全							√
数据安全审计	√	√					
数据安全监测	√	√	√	√	√	√	
访问控制	√	√	√	√	√	√	
密钥管理					√	√	
数据库加密							
传输加密	√				√		
存储隔离							
数据流通							√

图 14-1　数据生命周期安全技术

2. 隐私安全计算，助力 AI 数据价值释放

作为新一轮科技革命的核心技术，人工智能的发展至关重要。众所周知，人工智能的发展三要素包括算力、算法、数据。其中，数据作为还有巨大成长空间的要素备受瞩目。过去，由于数据的隐私安全和数据保护的要求，数据无法被大规模集成、无法被高效加工成可用状态，成为制约 AI 发展的一大挑战。

此外，伴随着法律法规的强监管，数据的获取成本变得越发高昂，一些行业的头部企业，凭借着客户黏性高的成熟产品以及巨大的用户量，能够获取大量数据，哺育 AI，而这样的循环很难被打破，这对中小企业来说是难以突破的瓶颈。而隐私安全计算通过数据不出域计算的能力，能够在确保数据安全的前提下，实现数据对外的交互和价值传递，从而解除数据安全的后顾之忧，更好

地发挥出数据在人工智能领域发展过程中的支撑性作用。用数据驱动算法、用数据赋能 AI，用智能创造价值，通过对数据要素的保驾护航，帮助人工智能在算网时代更好地发挥价值。

除了对高质量数据的诉求，AI 模型作为 AI 企业的宝贵资产，与过去谨慎供给使用的数据源一样，在涉及 AI 运行和协作的过程中，面临着诸多风险评估和限制，往往这些担忧也影响了 AI 供需双方的合作推进。而通过隐私安全计算可以解决这一难题，实现既保护 AI 模型，又保护数据，在双方协同过程中达成安全保护的联合计算模式。隐私安全计算为实现数据价值最大化提供强大支撑，把隐私保护做到多赢，发挥大数据价值。

14.2 绿色计算，数字减碳

数据是基础，也是产业链各环节产生的大量数据驱动数字生态合作的核心；有了海量数据，就需要强有力的算力进行处理，而以云计算、边缘计算为代表的计算技术，为高效、准确地分析大量数据提供了有力支撑。但是，仅仅有数据和算力依旧不够，没有先进的算法也很难发挥出数据真正的价值。算网融合的理念和解决方案应运而生。

算网融合是以通信网络设施与异构计算设施融合发展为基石，将数据、计算与网络等多种资源进行统一编排管控，实现网络融合、算力融合、数据融合、运维融合、能力融合以及服务融合的一种新趋势和新业态，为用户提供弹性、敏捷、安全的综合 ICT 服务。

数据中心作为海量数据加工和处理的特定设备网络，其在正常运行时要消耗电力。在实现"碳达峰、碳中和"这一国家重大战略决策下，降低数据中心能耗是必然之举。

1. 绿色计算

随着 5G、云计算、大数据、人工智能等先进技术的快速发展，人类社会正以前所未有的速度向"智能 +"时代前进。企业端，在智能制造技术、工业互联网等新一代科技手段的加持下，一座座传统工厂和一家家传统企业正向数字化道路大步迈进，全力投入数字经济发展的浪潮中。公众端，无人驾驶汽车、智能家居等新物种出现在人们衣食住行的各个方面，描绘出一幅全新的生活实景图。如图 14-2 所示。

图 14-2　基于算力网络的绿色计算

算网融合要推动"计算"与"网络"从架构到业务的深度融合，分别从四个层次（算网设施、算网平台、算网应用和算网安全）推动服务融合、能力融合、运维融合、数据融合、算力融合和网络融合。

算网设施为算网融合提供计算、网络、存储等资源的物理承载，实现网络、计算以及数据资源的池化，一体化管理调度资源池，是一种协同了"云""网""边""端"的分布式部署实例。

算网设施包括云计算数据、智能计算中心、高性能计算、边缘计算节点（MEC）等计算基础设施，全光网和全 IP 网的网络基础设施共同为算网融合提供网络传输能力、异构计算能力以及数据分析能力。

算网平台结合人工智能、大数据技术等创新技术，为算网融合提供基于数据分析的网络智能运维和监控，构建多种类型的算力服务模型，实现对算力服务的统一编排和调度，使得算网平台成为算网融合的智慧中枢。

智能融合和运维融合是算网平台的两大基础，其中，智能融合强调与人工智能、大数据分析、安全内生等技术相结合，形成智能大脑；运维融合则重视协同数据、网络、计算等各类资源实现统一管理、调度和编排，形成服务化的场景模型。

2．数字减碳

通过模型计算，农业生产更加高效；整合分析数据，工业制造更加智能；

完善算法模型,出行效率不断提升⋯⋯数字经济的活跃让计算无处不在,计算量也呈指数级上升趋势。

在数字化制造浪潮的推动下,数据不仅是新型的生产要素,也是新型资产,具有成为新一轮产业竞争的制高点和改变国际竞争格局变量的潜力。有效盘活数据资产,能够推动形成数字技术与实体经济的深度交融,不断激发商业模式创新,成为传统产业提质增效、提升企业核心价值的重要驱动力。

在"数据赋能城市治理,场景释放数据价值"方面具备独特优势。减碳方面,软通智慧提出"碳数智城"这一绿色发展理念,利用大数据、人工智能、数字孪生等新一代信息技术,赋能工业生产中的数据管理,助力传统企业、工业园区等进行数字化转型,通过数字化手段实现节能降碳、提质增效。

算力服务过程中,海量数据处理带来的"能耗和碳排放"问题也备受关注。就此,移动云响应国家"双碳"政策,在打造新一代算网存储能力时已考虑相关对策。"东数西算"是通过构建数据中心、云计算、大数据一体化的新型算力网络体系,将东部算力需求有序引导到西部,优化数据中心建设布局,促进东西部协同联动。

"东数西算"工程凸显了数据作为一种生产要素的价值,"存储多协议协同"实现"存算一体,数随算走",构建"数据随心可取"的绿色节能数据中心,以及在技术上根据对象存储多规格以及多规格间的智能数据分层特性,让冷数据逐步流动到存储成本更低、能耗开销更低的存储类型中,达到节能减排的目的。如图 14-3 所示。

图 14-3 大数据中心绿色低碳建设

目前，数据中心建设呈现散点式特点，难以形成完整的产业能耗监测体系，全局性、系统性的能源及碳排放审计不足，导致管理效率较低。当前，北京、上海等个别领先区域率先启动了数据中心能耗实时监测系统建设，但更广泛的地区乃至全国层面尚未跟上步伐。

伴随全国一体化"算力网络"国家枢纽节点建设，应建立健全更广泛、更严格、更规范的数据中心能耗及二氧化碳排放的监测、统计、预警、管理手段和机制。将不断创新存储技术、优化全线存储产品，兼顾安全高效与绿色低碳，为"促进东西部平衡发展、提升产业链抗风险能力、赋能行业脱碳增长"贡献力量。

展望未来，产、研、学、用等多方可共同协作构建算力网络，产业界设备提供商提供基础软硬件，网络服务提供商、算力服务商等向用户提供统一的算力服务；学术界围绕算力融合、算力感知等算网融合技术，开展前沿学术研究，加强知识成果转化；研究机构聚焦算网融合的热点与难点，发挥行业智库作用，同步开展技术与产业发展研究；用户层面中医疗、能源、教育、交通等各垂直行业根据行业应用特点，提供业务部署与应用需求。从政策法规、市场培育、产业引导、科技投入等方面加强政府引导，推进标准顶层设计，标准组织与产业联盟积极推进算网融合标准化。